Boeckh · Nervensysteme und Sinnesorgane der Tiere

studio visuell

Jürgen
Boeckh

Nervensysteme und Sinnesorgane der Tiere

Herder Freiburg · Basel · Wien

Das **Einbandbild** zeigt einen männlichen Nachtschmetterling aus der Familie der Saturniden von vorne. Man beachte die mächtigen Fühler, auf deren Stamm und Seitenästen Tausende feiner Sinneshaare stehen. Die Mehrzahl dieser Haare dient als Empfänger für den weiblichen Sexualstoff (vgl. Seite 123).

3. Auflage

Herstellung: Freiburger Graphische Betriebe 1978
ISBN 3-451-16409-4

Inhalt

Vorwort

Die zunehmende Spezialisierung und Vertiefung verschiedener Disziplinen der Biologie bringt ein wachsendes Bedürfnis nach kurzer, handlicher Information über wichtige Einzelgebiete mit sich. Das folgende Buch bietet eine knappe, teilweise vereinfachte Darstellung wichtiger Grundprinzipien der Neurobiologie, deren Verständnis keine spezielle Vorbildung erfordert. Dazu tritt eine subjektiv getroffene Auswahl von Beispielen zur Struktur und Funktion von Nerven und Sinnesorganen der Tiere und des Menschen unter dem Aspekt der vergleichenden Physiologie. Der Leser soll einen Eindruck von der Vielfalt jener Einrichtungen bekommen, mit deren Hilfe Tiere in ihrer Umwelt bestehen. So richtet sich das Buch vornehmlich an Lehrer und Schüler in höheren Schulen, die sich mit biologischen Problemen befassen wollen, und an angehende Studenten der Biologie.
Auch der nicht unmittelbar biologisch Interessierte möge Auskunft über ein Gebiet finden, welches, nicht zuletzt wegen seiner Verbindungen zur Psychologie und Ethologie, zunehmend zum Gegenstand des Interesses und der Diskussion in der allgemeinbildenden Literatur und den wissenschaftlichen Beilagen von Zeitungen wird.
Diesem Leserkreis soll, neben fast stichwortartiger Information, vor allem Anregung zum Überdenken der geschilderten Tatsachen und Probleme geboten werden. Er wird sich darüber im klaren sein, daß die kursorische Darstellung eines so umfangreichen und komplexen Forschungsgebietes sich mancher Verkürzung und Vereinfachung bedient, deren vermeintliche Durchsichtigkeit den Blick auf die ungelösten Probleme und die Unsicherheit unseres Wissens verschleiert. Eine ernsthafte Beschäftigung mit der Neurobiologie verlangt die Lektüre der, oft englisch abgefaßten, Spezialliteratur. Hinweise hierauf finden sich in den Angaben über weiterführende Werke und Zeitschriften.

Regensburg, im Sommer 1975 J. Boeckh

Das Nervensystem und seine Aufgaben

Die Fähigkeit, Information aufzunehmen, zu speichern, zu verarbeiten und abzugeben gehört zu den wichtigsten Leistungen lebender Organismen. Grundlegende Vorgänge, wie die Verwertung genetischer Information in Zellen durch Moleküle wie DNS, RNS und Proteine finden sich bei allen Lebewesen. Höhere Tiere haben jedoch ein spezielles Organsystem für die Verarbeitung von Information entwickelt: das Nervensystem und die mit ihm verbundenen Sinnes- und Effektorgane. In Sinnesreizen steckt Information über die Außenwelt und Innenwelt des Tieres, wie z.B. über Bewegungen anderer Tiere, Vorhandensein von Futter, Lautäußerungen oder die Temperatur des eigenen Körpers. Sinnesreize werden durch spezielle Sinneszellen aufgenommen und dem Nervensystem gemeldet. Dieses verwertet die eingehende Information, vergleicht sie mit gespeicherter Information und setzt entsprechende Reaktionen des Tieres in Gang, wie z.B. Anspringen der Beute, Kommunikation durch Laute mit einem Partner usw. Das Nervensystem steuert und regelt auch die Atmung, den Blutkreislauf, das Hormonsystem und die Tätigkeit der Muskeln. Darüber hinaus ist das Nervensystem Sitz hochentwickelter Leistungen, wie Nachdenken und Kombinieren, in ihm bilden sich Stimmungen und Antriebe. Nervensysteme können spontan aktiv sein und besitzen die Fähigkeit zur Innovation.

Nervenzellen und bioelektrische Vorgänge

Grundlage der Funktion von Sinnes- und Nervenzellen sowie der später zu besprechenden Muskelzellen sind bioelektrische Vorgänge, nämlich die Erzeugung, Fortleitung und Verarbeitung elektrischer Signale, in denen Information enthalten ist. In vielen verschiedenen Zellen eines Organismus laufen ebenfalls Vorgänge ab, die mit der Verschiebung elektrischer Ladungen gekoppelt sind, wie z.B. beim Stofftransport durch Zellmembranen. Die oben erwähnten Zelltypen sind jedoch dadurch gekennzeichnet, daß hier elektrische Vorgänge als Nachrichtensignal verwendet werden.

Nervenzellen *(Neurone)* haben ganz allgemein einen Zelleib *(Soma)*, einen oder mehrere, z. T. verzweigte Fortsätze *(Dendriten)*, in denen Signale anderer Zellen aufgenommen und in Richtung Soma geleitet werden, und einen besonderen Fortsatz, den *Axon*, welcher Signale zu anderen Zellen leitet. Vgl. Abb. Seite 10
Das Soma und die Fortsätze kommen in einer enormen Vielfalt von Formen und Größen vor. Es gibt Neurone von nur wenigen µm Größe und andere, z. B. manche Motoneurone im Großhirn von Säugern, mit Somata bis zu 100 µm Durchmesser und Axonen von mehr als 1 m Länge. Die Somata der sog. *Riesenneurone* mancher Schnecken und Tintenfische haben bis zu einigen mm Durchmesser, ihre Axone mehr als 1 mm Durchmesser. Sinneszellen kann man sich als umgewandelte Nervenzellen vorstellen, deren signalempfangende Fortsätze zu reizempfangenden Strukturen geworden sind, in einigen Fällen auch als umgewandelte Epithelzellen. Vgl. Seite 59 Die Zahl der Sinnes- und Nervenzellen kann bei hochentwickelten Säugetieren mehrere Milliarden betragen.

Wie jede lebende Zelle, so sind auch Nervenzellen von einer aus Proteinen und Lipiden bestehenden *Zellmembran* von ca. 7 nm ($= 7 \cdot 10^{-6}$ mm) Stärke umgeben. Diese Membran ist Träger der bioelektrischen Phänomene.

Einige grundlegende bioelektrische Erscheinungen können leicht an dem Wadenmuskel nebst versorgendem Nerv eines Frosches, einem sog. *Nerv-Muskel-Präparat* demonstriert Vgl. Abb. Seite 10 werden. Legt man an den Muskel zwei Elektroden und gibt z. B. aus einer Batterie einen elektrischen Stromstoß mit einigen wenigen Volt Spannung, so zuckt der Muskel. Dasselbe geschieht, wenn dieser Reiz über die Reizelektroden am Nerv einige Zentimeter vom Muskel entfernt gesetzt wird. Es ist gleichgültig, ob der Nerv sehr nahe am Muskel oder weiter entfernt gereizt wird, die Muskelkontraktion ist stets gleich groß. Verletzt oder vergiftet man den Nerv zwischen Reizstelle und Muskel, so bewirkt der elektrische Stromstoß am Nerv keine Muskelzuckung. Legt man an den heilen Nerv zwischen Reizelektroden und Muskel zwei Registrierelektroden, welche mit einem Spannungsmeßinstrument verbunden sind, so schlägt dieses kurze Zeit nach dem Reizstromstoß aus, am Nerv entsteht ein *Aktionspotential.* Zwischen Reiz und Registrierung vergehen bei einem Abstand der Elektrodenpaare von 5 cm etwa 10 m/sec, also mehr Zeit, als man bei der Stromleitung über einen gewöhnlichen elektrischen Leiter erwarten sollte. Quetscht oder vergiftet

BIOELEKTRIZITÄT I

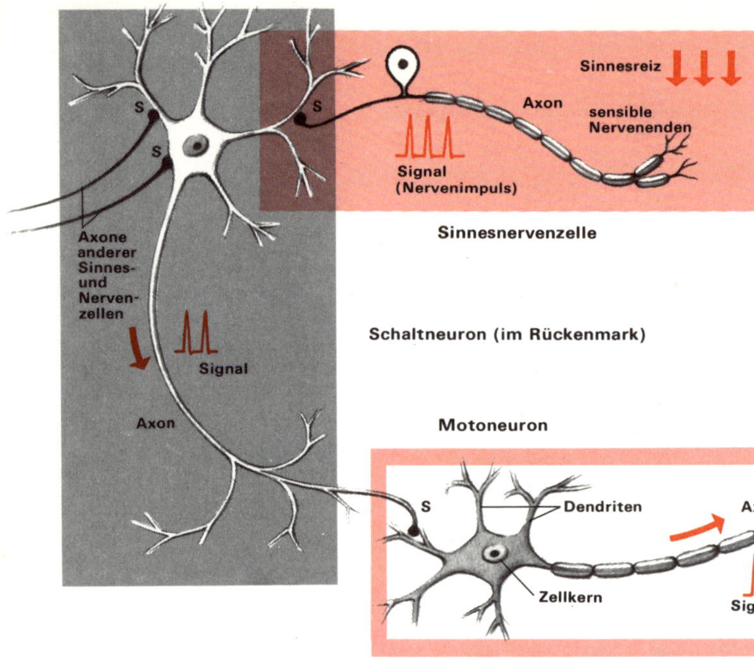

Der Arbeitsweise des Nervensystems liegen bioelektrische Vorgänge zugrunde. Alle Informationen, die von den z. T. kompliziert miteinander verschalteten Funktionseinheiten des Nervensystems aufgenommen, weitergeleitet und verarbeitet werden, durchlaufen dieses in Form elektrischer Signale, welche ihre Entstehung Ionentransportvorgängen an Nervenzellmembranen verdanken.

Grundbaustein des *Nervensystems* ist die *Nervenzelle (Neuron)*, bestehend aus dem Zellkörper mit mehreren Fortsätzen, den kürzeren, meist stark verzweigten *Dendriten* und einem bzw. mehreren langen *Neuriten (Axon)*. Die Abb. zeigt 3 zu einem Eigenreflexbogen verschaltete Zellen. Von der erregten *Sinneszelle (Rezeptor)* laufen Impulse durch den Axon über eine Kontaktstelle (*Synapse*, S) zu einer Nervenzelle. Das Signal wird dort verarbeitet und gelangt über eine weitere Nervenzelle zum Erfolgsorgan (hier Muskelzellen).

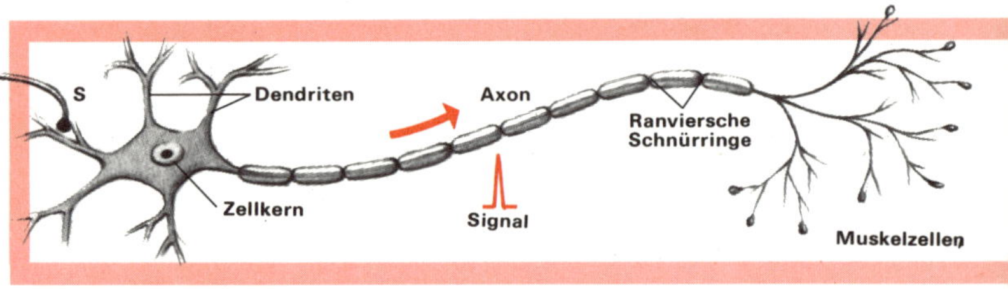

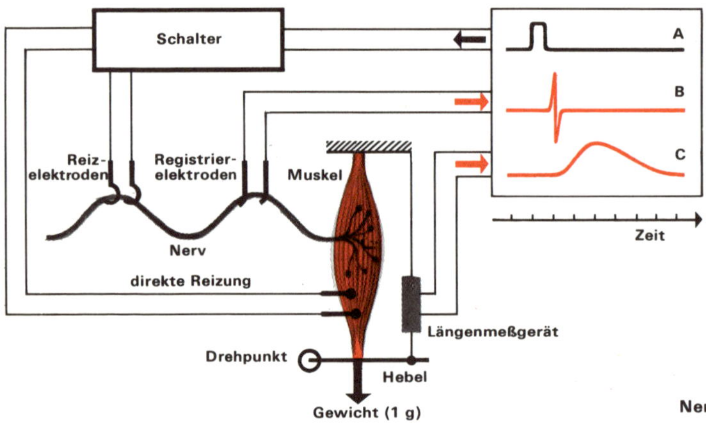

Nerv-Muskel-Präparat. Die bioelektrischen Vorgänge lassen sich besonders anschaulich am Wadenmuskel eines Frosches demonstrieren. Der Nerv ist in einigem Abstand vom Muskel mit je zwei Reiz- und Registrierelektroden verbunden. Wird der Nerv durch einen Stromimpuls gereizt, so zuckt der Muskel. Dieselbe *Muskelzuckung* wird beobachtet, wenn die Elektroden direkt am Muskel angeschlossen werden (direkte Reizung). Die Stärke der Muskelzuckung ist unabhängig davon, an welcher Stelle der Nerv gereizt wird. Unmittelbar nach dem Reizstromstoß kann am Nerv die Entstehung eines *Nerven-Aktionspotentials* registriert werden. Die Diagramme zeigen den zeitlichen Verlauf des Reizstroms (A), des Nerven-Aktionspotentials (B) und der Muskelzuckung (C).

Die Ionentheorie der Erregung. Das Membranpotential kommt durch ungleiche Verteilung verschiedener Ionen beiderseits der Nervenmembran zustande. Abb. rechts: *Riesenaxon* eines *Tintenfisches* mit Verteilung der für das Membranpotential wichtigen Ionen (in Millimol/Liter). Das Innere der Nervenfaser ist durch diese ungleiche Ionenverteilung um ca. 60 mV negativ gegenüber dem Außenmedium. Dieses *Membranruhepotential* wird durch eine *Ionenpumpe* (Abb. unten) aufrechterhalten, die ständig (durch die Membran) in das Zellinnere diffundierte Na^+-Ionen in den Außenraum und in den Außenraum diffundierte K^+-Ionen in das Zellinnere befördert. Wird die Nervenfaser nun durch einen ausreichend starken Reiz (z. B. elektrischer Stromstoß) erregt, so nimmt die Permeabilität der Membran für Na^+-Ionen kurzzeitig um etwa das 500fache zu. Es kommt zu einem starken Natrium-Einstrom in das Zellinnere, das dadurch positiv gegenüber dem Außenmedium wird, d. h., das Membranpotential ändert kurzzeitig seine Polarität (*Aktionspotential, Nervenimpuls*). Unmittelbar darauf nimmt die Na^+-Permeabilität der Membran wieder ab; vorübergehend wird die ursprüngliche K^+-Permeabilität etwas größer. Das Membranruhepotential wird letztlich durch die Ionenpumpe wiederhergestellt.

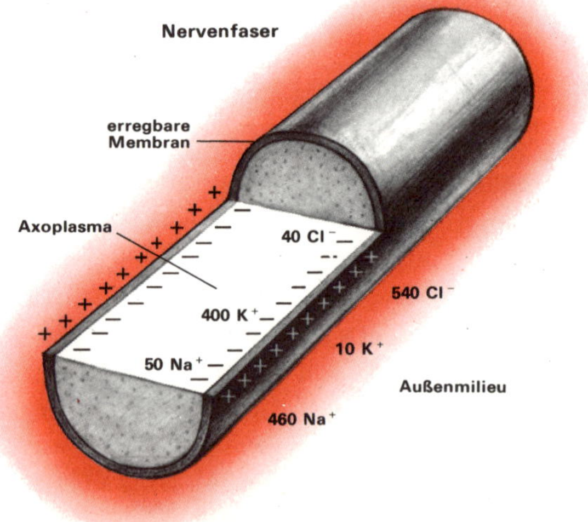

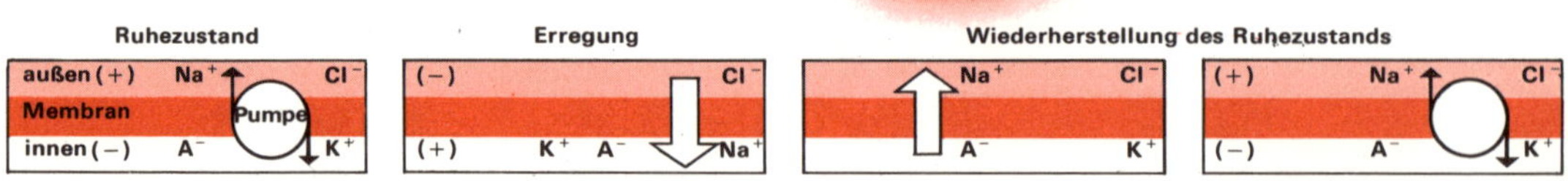

man den Nerv zwischen den Elektroden, so weisen die Registrierelektroden keine Spannung mehr auf: Die Leitung des Stroms erfolgt nur über den lebenden Nerv. Das Signal wandert ohne Verlust, andernfalls müßte der Muskel weniger zucken, wenn der Nerv in größerer Entfernung vom Muskel gereizt wird.

Die wichtigsten Schlüsse aus diesem Experiment sind folgende: Der unverletzte, lebende Nerv leitet einen Reizstrom mit Verzögerung (also nicht rein elektrisch) zum Muskel, welcher dadurch zur Kontraktion gebracht wird; Nerven und Muskeln sind *elektrisch erregbar.*

Man weiß heute, daß solche *Aktionspotentiale* die generelle Art der Erregungsleitung und der Aktivierung im Nervensystem, in Skelett- und Eingeweidemuskeln, im Herz und allen anderen elektrisch erregbaren Strukturen darstellen. Legt man z.B. am Sehnerv hinter dem Auge Registrierelektroden an, so kann man bei Belichtung des Auges Aktionspotentiale registrieren. Die Gesamtaktivität der Herzmuskelzellen läßt sich als *Summenpotential,* als Elektrokardiogramm (EKG) registrieren, die elektrische Tätigkeit der vielen Milliarden von Hirnzellen als Elektroenzephalogramm (EEG). An Unregelmäßigkeiten in solchen Aufzeichnungen kann man Fehler oder krankhafte Veränderungen in der Tätigkeit des betreffenden Organs erkennen, z.B. Herzfehler im EKG, epileptische Anfälle im EEG usw.

Die Ionentheorie des Membranruhepotentials

Die Grundlage der bioelektrischen Aktivität sind *Potentialdifferenzen* über der Membran der erregbaren Zellen (s.o.). Man kann *Mikroelektroden* in Nervenzellen einstechen, ohne größere Verletzungen zu verursachen, und die Potentialdifferenzen registrieren.

Vor dem Einstich besteht keine Potentialdifferenz zwischen der Mikroelektrode und der Gegenelektrode in dem Medium um die Nervenzelle. Im Moment des Einstichs wird die Mikroelektrode plötzlich um 0,03–0,09 V (je nach Zelltyp) Vgl. Abb. Seite 15
negativ gegenüber der Gegenelektrode und bleibt auf diesem *Ruhepotential,* solange sie in der Zelle steckt. Zieht man sie zurück, wird die Potentialdifferenz Null. Läuft ein Aktionspotential über die Zelle oder einen Fortsatz, so schwankt das Membranpotential für ganz kurze Zeit um etwa 0,06–0,1 V. Alle Sinnes-, Nerven-, Muskel- (und auch andere erregbare)

Zellen zeigen im unerregten Zustand ein solches Membranruhepotential von einigen Hundertstel Volt und bei Aktivität Aktionspotentiale, gleichgültig, ob es sich um Zellen von Katzen, Fröschen, Tintenfischen, Würmern oder Krebsen handelt.

Vgl. Abb. Seite 10

Das Membranpotential entsteht durch ungleiche Verteilung von *Ionen* (insbesondere von Natrium, Kalium und Chlor) zwischen dem Zellinneren und dem Außenmedium, dem Interzellularraum. Zerkleinert man Nervenzellen und analysiert ihren Inhalt, so findet man z. B. bei Riesen-Nervenfasern von Tintenfischen im Inneren 50 mMol/l Na^+, 400 mMol/l K^+ und 40 mMol/l Cl^-. Im Außenmedium (Blut oder Körperflüssigkeit) sind es 460 mMol/l Na^+, 10 mMol/l K^+ und 540 mMol/l Cl^-. Diese ungleiche Verteilung ist die Folge einer *selektiven Permeabilität* der Zellmembran für bestimmte Moleküle bzw. Ionen. Jede Zellmembran bestimmt ja „aktiv" durch ihre Transporttätigkeit und „passiv" durch ihre Membraneigenschaften den Stofftransport zwischen Zellinnerem und äußerer Umgebung.

Normalerweise sind Lösungen verschiedener Konzentrationen innerhalb eines Systems bestrebt, den Konzentrationsunterschied auszugleichen. Bringt man in ein Gefäß zwei wäßrige Lösungen von KCl verschiedener Konzentration, so verteilen sich die K^+- und Cl^--Ionen durch Diffusion innerhalb eines bestimmten Zeitraums gleichmäßig in der Lösung. Werden zwei Lösungen verschiedener Konzentration durch eine Membran getrennt, so hängt es von der relativen Konzentration der Stoffe, ihrer Beweglichkeit und von der Permeabilität der Membran ab, welche Moleküle entlang des Konzentrationsgefälles wandern können. Handelt es sich dabei um Ionen, also Ladungsträger, entsteht bei der Wanderung ein Strom; bei ungleicher Verteilung von Ionen entsteht eine Potentialdifferenz.

Die *ungleiche Ionenverteilung* über der Membran von Nervenzellen besteht aus folgenden Gründen:

1. Im Zellinneren liegen große, negativ geladene Moleküle, z. B. Aminosäuren oder Eiweiße, als Anionen und damit Gegenionen zu K^+. Sie können nicht durch die Membran wandern, liegen also fest in der Zelle.
2. Die positiv geladenen Kaliumionen können die Membran passieren und tendieren zu einem Ausgleich des starken Konzentrationsgefälles (400 mMol/l innen gegen 10 mMol/l außen) durch Diffusion; sie werden aber von den negativ ge-

ladenen Anionen elektrisch festgehalten. Es können nur so lange K^+-Ionen aus der Zelle wandern, bis der Diffusionsdruck genauso groß ist wie der elektrische „Zug“ durch die Anionen. Dann steht das K^+-System im elektrochemischen Gleichgewicht; trotz des Konzentrationsunterschieds fließen keine positiven Kaliumionen mehr aus. Es gilt dann in erster Näherung die Nernst-Gleichung für Diffusionspotentiale:

$$M_k = -\frac{RT}{F} \ln \frac{[K^+]_i}{[K^+]_a}.$$

M_k ist das Kalium-Membranpotential, R die Gaskonstante, T die absolute Temperatur, F die Faradaykonstante (Ladungstransport von 96000 Coulomb pro Äquivalent wandernder Ionen); $[K^+]_i$ und $[K^+]_a$ stehen für die Konzentrationen von Kaliumionen im Zellinneren bzw. im Außenmedium. Das negative Vorzeichen ergibt sich daraus, daß positive Ionen nach außen diffundieren, wodurch das Innere negativ gegen außen wird. Setzt man die experimentell bestimmten Ionenkonzentrationen des Kaliums in die Gleichung ein, so ergibt sich eine Potentialdifferenz von ca. 0,075 V, also etwa die Spannung, die man mit einer Mikroelektrode über der Membran einer Nervenzelle abgreifen kann.

3. Natriumionen können in die Zelle gelangen, sie strömen entlang dem hohen Konzentrationsgefälle (außen 460 mMol/l, innen 50 mMol/l) und dem elektrischen Gradienten (innen negative Ladung gegen außen), werden aber von einem Transportmechanismus in der Membran, der sog. Natriumpumpe wieder hinausbefördert. Dafür werden hinausdiffundierte K^+-Ionen im Austausch hineintransportiert. Im Nettoergebnis gelangt also praktisch kein Natrium in die Zelle. Der Natriumtransport ist eine aktive, energieverbrauchende Leistung in der Zelle. Blockiert man den Energiestoffwechsel des Neurons z.B. durch Entkoppelung der oxidativen Phosphorylierung mit Hilfe von Dinitrophenol, so kann kein Natrium mehr aus der Zelle gepumpt werden.

4. Chlorionen diffundieren längs des Konzentrationsgefälles in die Zelle und bauen ebenfalls ein Potential auf, das Chlor-Membranpotential:

$$M_{Cl} = \frac{RT}{F} \ln \frac{[Cl^-]_a}{[Cl^-]_i}.$$

Das negative Vorzeichen ergibt sich wie bei M_k, da negativ geladene Ionen nach innen wandern.
Die Nervenmembran gleicht demnach einer *Ionenbatterie,* deren Spannung mit Hilfe des Zellstoffwechsels und selektiver Permeabilität aufrechterhalten wird. Infolge der komplizierten elektrischen und chemischen Verhältnisse an der Membran beschreibt die Nernst-Gleichung, die mit Konzentrationen arbeitet, die wirkliche Situation nicht exakt genug. Unter einer Reihe von physikalisch-chemischen Voraussetzungen kann man jedoch nach der Theorie des konstanten Feldes mit Hilfe der *Goldman-Gleichung* das Membranpotential (U_M) aufgrund der relativen Permeabilitäten von Ionen recht genau berechnen.

$$U_M = -\frac{RT}{F} \ln \frac{P_K \cdot [K^+]_i + P_{Na} \cdot [Na^+]_i + P_{Cl} \cdot [Cl^-]_a}{P_K \cdot [K^+]_a + P_{Na} \cdot [Na^+]_a + P_{Cl} \cdot [Cl^-]_i}$$

Da die Chlorionen negativ geladen sind, sind deren Werte für die Innen- und Außenkonzentrationen gegenüber denen für die Natrium- und Kaliumionen im Zähler und Nenner vertauscht.
Setzt man die am Tintenfischaxon experimentell bestimmten relativen Permeabilitäten (P) der Nervenmembran für die Ionen ein ($P_K : P_{Na} : P_{Cl} = 1 : 0{,}04 : 0{,}45$), so erhält man einen Wert von 59,5 mV als theoretisch berechnetes Membranpotential. Der Mittelwert vieler mit intrazellulären Elektroden gemessenen Membranpotentiale von Tintenfischaxonen liegt bei −61 mV. Inzwischen wurden an vielen anderen Nerven- und Muskelgeweben ähnliche Werte und Gesetzmäßigkeiten gefunden.

Aktionspotentiale und Nervenleitung

Die Potentialschwankungen über den Membranen erregter Zellen, die Aktionspotentiale, zeigen je nach Zellabschnitt und Zelltyp verschiedene Besonderheiten; das Verhalten der einzelnen erregbaren Strukturen ist durchaus nicht einheitlich. Man unterscheidet *Rezeptorpotentiale* an sensiblen Ausläufern und sensiblen Strukturen von Sinneszellen, *Synapsenpotentiale* an Dendriten bzw. Zellkörpern von Neuronen und an Muskelfasern, *Generatorpotentiale* am Axonursprung von Sinnes- und Nervenzellen und Aktionspotentiale von Axonen. Letztere sind meist *Alles-oder-Nichts-Impulse* (s.u.),

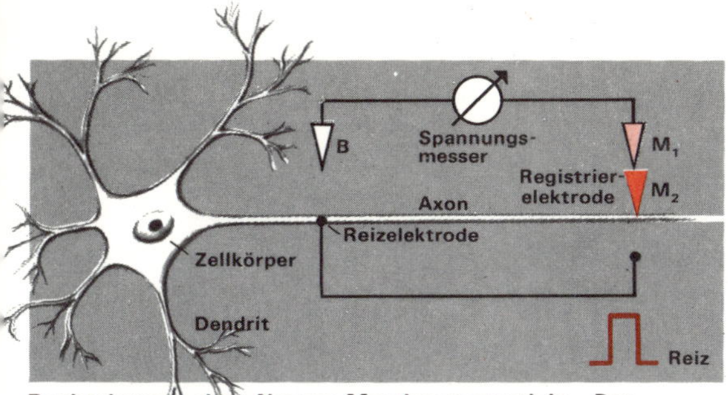

Registrierung des Nerven-Membranpotentials. Das *Membranpotential* einer Nervenzelle kann mit einer intrazellulär eingeführten Mikroelektrode (M) gegen eine Bezugselektrode (B) gemessen werden (Abb. oben). Die Aktionspotentiale werden durch Anlegen eines Reizstroms zwischen Zellinnerem und Außenmedium ausgelöst. Das Diagramm zeigt die Schwankung des Membranpotentials bei Reizung mit drei Stromstößen verschiedener Stärke. Der schwächste Reiz vermag kein fortgeleitetes Aktionspotential auszulösen. Erst wenn die Reizstärke die Auslöseschwelle übersteigt, antwortet die Faser mit der Bildung eines *Nervenimpulses (Aktionspotential)*, dessen Amplitude unabhängig von der Stärke jedes überschwelligen Reizstromimpulses ist.

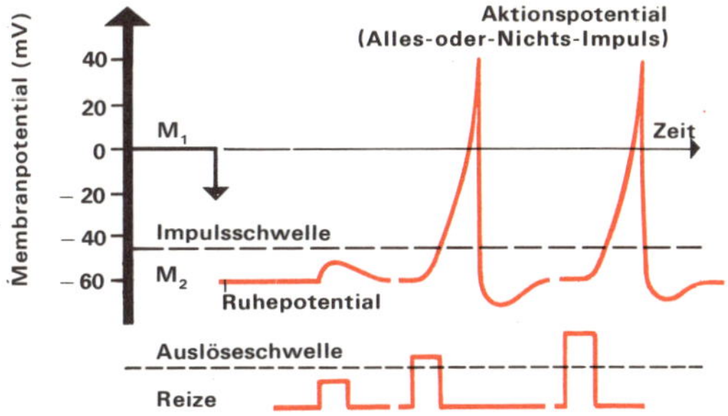

Die Leitungsgeschwindigkeit einer Nervenfaser hängt von ihrem Bau und Durchmesser ab. Nervenfasern mit einer Markscheide (Myelinscheide) und (oder) großem Durchmesser leiten besser als solche ohne Markscheide und (oder) mit kleinem Durchmesser. Abb. unten zeigt diese Verhältnisse für eine Leitungsgeschwindigkeit von 25 m/sec an vier verschiedenen Nervenfasern. (Die beiden linken Fasern müßten bei maßstabgetreuer Darstellung 10mal größer gezeichnet werden.)

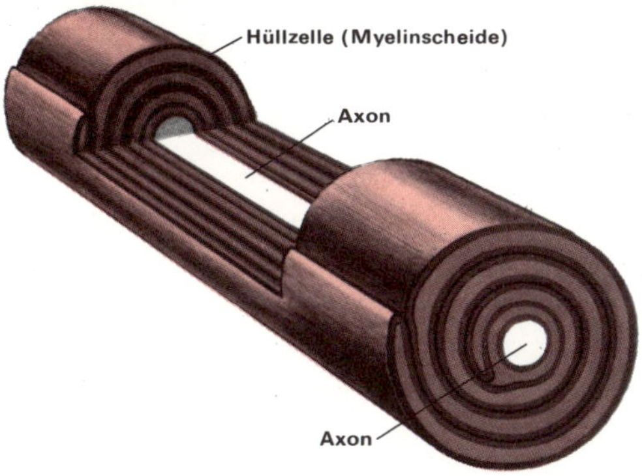

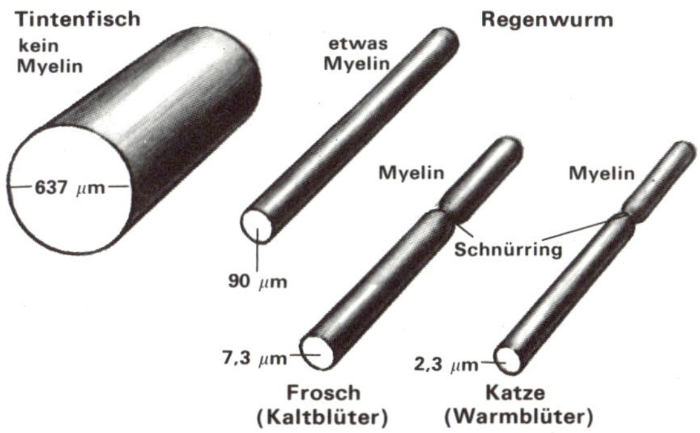

Markhaltige Nervenfasern sind von einer in mehreren Lagen um den Axon gewickelten Hüllzelle, der *Myelin-* oder *Markscheide*, umgeben (Abb. oben). Das elektronenmikroskopische Bild eines *Ranvierschen Schnürrings* (Photo unten) zeigt, daß die elektrisch gut isolierende, dunkel erscheinende Markscheide für eine kleine Strecke unterbrochen ist. Hier können die Stromschleifen aus dem erregten Nachbarschnürring die Nervenfaser wieder depolarisieren.

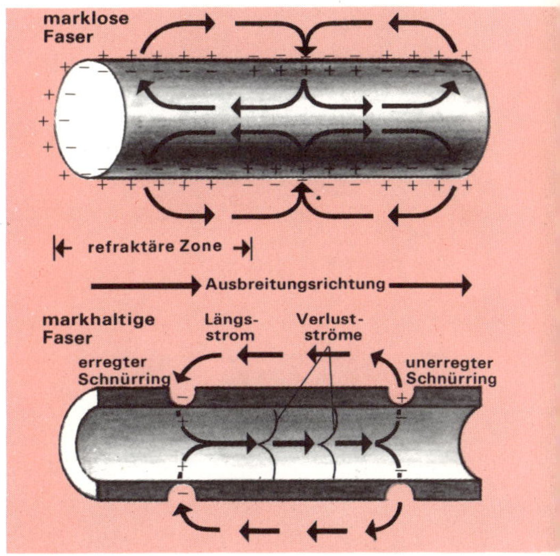

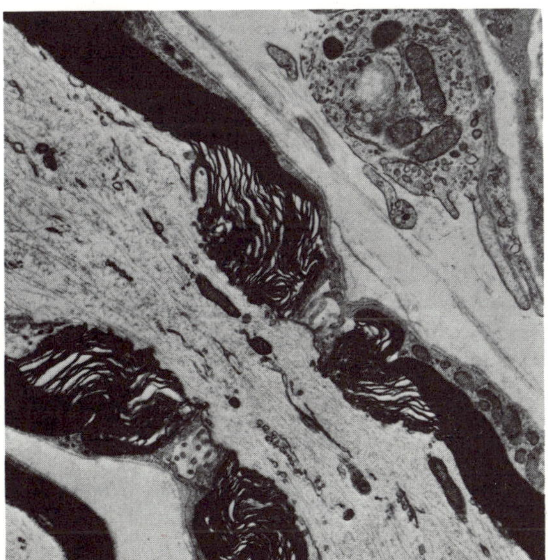

Erregungsleitung in Nervenfasern. Wird eine Nervenfaser an einer Stelle erregt, so entsteht dort ein *Aktionspotential*, das auf den benachbarten Faserabschnitt übergreift, dessen Membran depolarisiert und somit auch dort zur Erregungsbildung führt usw. Die Erregung der zunächst unerregten Nachbarregion erfolgt nach der *Strömchentheorie* durch kleine Ströme, die zwischen der erregten Stelle und der unerregten Nachbarregion fließen. Bei marklosen Fasern läuft die Erregung *kontinuierlich* über die Nervenfaser (Abb. oben). Nervenfasern mit einer elektrisch isolierenden Markscheide zeigen eine *saltatorische Erregungsleitung*: die Erregung wird *sprunghaft* von Schnürring zu Schnürring übertragen.

Vgl. Seiten 24, 58

abgekürzt Nervenimpulse genannt. Generator-, Rezeptor- und Synapsenpotentiale sind „*langsame*" Potentiale; ihre Amplitude und ihr Zeitverlauf enthalten die zu übertragende Information. Sie wandern meist nur über kurze Strecken der Neuronmembran. Nervenimpulse laufen sehr rasch ab. Die wichtige Veränderliche der Meldung ist hier der Zeitabstand der Impulse bzw. die Häufigkeit ihres Auftretens im Informationskanal. Nervenimpulse können, entsprechend der Länge der Axone, über weite Strecken im Körper fortgeleitet werden, bei großen Tieren über mehrere Meter.

Vgl. Abb. Seite 15

Legt man über der Membran einer Nervenfaser eine Spannung von einigen mV an, so „folgt" das Membranpotential dieser Spannung. Liegt der Pluspol der Spannung innen, so erfolgt ein Abbau des ursprünglichen Membranpotentials: die Zelle wird depolarisiert. Dabei wird die Membran etwas durchlässiger für Natrium, welches in begrenztem Umfang in die Zelle eindringt. Nach dem Ende der Polarisation wird dieser Natriumeinstrom aber rasch gebremst: das eingedrungene Natrium wird wieder hinausgepumpt, und das Membranpotential kehrt auf seinen ursprünglichen „Ruhe"-Wert zurück. Depolarisiert man mit stärkerer Spannung über einen bestimmten kritischen Wert, die *Schwelle*, hinaus, so strömen sehr viel mehr Natriumionen und damit viele positive Ladungen in die Zelle. Die dadurch noch weiter zunehmende Permeabilität für Natriumionen läßt wieder mehr Natrium einströmen; es erfolgt weitere Depolarisation usw., bis die Membran kurzzeitig 500mal besser durchlässig für Natrium ist als im Ruhezustand. Jetzt verhalten sich die relativen Permeabilitäten $P_K : P_{Na} : P_{Cl}$ wie 1:20:0,45 (vgl. die Werte S. 14!). Setzt man diese Zahlen in die Goldman-Gleichung ein, so erhält man den Wert für das Membranpotential von + 38 mV; das Zellinnere ist jetzt positiv gegen das Außenmedium. Dieser Zustand dauert jedoch nur etwa 1 msec an. Gleich darauf wird die Membran wieder nahezu undurchlässig für Natrium, das Aktionspotential kehrt um. Kurz nach Beginn der Depolarisation wird die Membran außerdem zusätzlich noch stärker permeabel für Kalium, das Zellinnere wird wieder negativ gegen außen; es kommt zur Repolarisation. Kurzzeitig wird das Membranpotential sogar über den „Ruhe"-Wert hinaus zu höheren (negativen) Werten getrieben: die Zelle wird hyperpolarisiert.

Das Zusammenspiel all dieser Vorgänge ergibt an derjenigen Stelle, an der die Nervenfaser elektrisch gereizt wurde, eine

kurzzeitige Schwankung des Membranpotentials: ein Aktionspotential, auch Nervenimpuls genannt.
Über welche Kanäle Natrium in die Zelle hinein- und Kalium hinaustritt, ist noch unbekannt. Man denkt an spezielle *Membranporen* für jeden Ionentyp oder an *Trägermechanismen,* wie sie einer lebenden Zelle für den Transport von Stoffen durch die Membran zur Verfügung stehen.
Zwischen der erregten Membranstelle (außen negativ) und unerregten Nachbarstellen der Neuronmembran (außen positiv) fließt ein elektrischer *Ausgleichsstrom,* wie zwischen allen Punkten unterschiedlichen Potentials, welche elektrisch leitend verbunden sind. Die Leitung erfolgt über die ionenhaltige Außenlösung und das ebenfalls ionenhaltige Innere der Faser. Die Stromschleifen laufen an der erregten Stelle in die Faser und treten in einiger Entfernung davon wieder aus. Die Dichte dieses Stroms reicht aus, um benachbarte Membranbereiche über die Impulsschwelle hinaus zu depolarisieren. Jetzt wandert an dieser nächsten Stelle Natrium in die Faser, es kommt dort zu einem neuen Impuls, der neue Ausgleichsstrom depolarisiert wiederum weitere Stellen der Membran usw. Die lokal fließenden Ionenströme regen so auf elektrischem Wege Nachbarregionen zu neuen Impulsen an. Das über die Faser laufende Signal besteht demnach aus nacheinander an aufeinanderfolgenden Membranstellen gebildeten Impulsen.
Durch den raschen, sich selbst verstärkenden Natriumeinstrom erreicht ein Nervenimpuls stets an allen Stellen der Nervenfaser die gleichen Amplitude. Wenn die Auslöseschwelle an einer Stelle einmal überschritten ist, spielt die Höhe des depolarisierenden Stroms keine Rolle mehr: der Impuls wird entweder gar nicht ausgelöst oder voll; er gehorcht der *Alles-oder-Nichts-Regel* (AoN-Impuls). Für die oben angeführten „langsamen“ Rezeptor-, Synapsen- und Generatorpotentiale gilt diese Regel meist nicht (s. u.). Die Nervenfaser ist also nicht ein elektrischer Draht, über den ein Morsesignal läuft – obwohl ein solcher Vergleich die Funktion recht gut beschreibt –, sondern eher eine Kette von Schaltverstärkern, die jeweils das ankommende Signal aufnehmen, auf eine Einheitshöhe bringen und zum nächsten Verstärker weiterleiten. Die Impulsleitung wird dadurch im Nerv langsamer, als es bei Fortleitung über einen einfachen elektrischen Leiter der Fall wäre; jedoch ist gewährleistet, daß die Signale nicht durch den Längswiderstand des Leiters

Vgl. Seite 60

(etwa wie bei einem Unterwasserkabel infolge von Stromverlust) kleiner werden, sondern am Bestimmungsort die gleiche Amplitude aufweisen wie am Entstehungsort. Während des Ablaufs eines Impulses und eine kurze Zeit danach ist die erregte Stelle der Axonmembran unerregbar, *refraktär:* Ein noch so großer Reizstrom ruft jetzt keinen Natriumeinstrom hervor. Die Erregung und damit der Impuls kann sich deshalb nur „vorwärts" zu noch unerregten Membranstellen hin fortpflanzen. Die Refraktärzeit begrenzt auch die Zahl der Impulse, welche pro Zeiteinheit über die Faser geleitet werden können. Dicke Axone können kurzzeitig mehrere hundert, einige sogar mehr als 1000 Impulse pro Sekunde leiten.

Leitungsgeschwindigkeit

Die Leitungsgeschwindigkeit für Nervenimpulse hängt von der Depolarisationszeit (Umladezeit der Membran) der unerregten Stellen ab und von der Ausbreitung des Reizstroms. Diese Größen sind ihrerseits abhängig von den elektrischen Daten der Faser und der Membran (Membranwiderstand und -kapazität, Innen- und Außenwiderstand) und damit vom *Bau* der *Faser.* Allgemein gilt, daß dünne Fasern langsamer leiten als dicke. Über sehr dünne Axone von weniger als 1 µm Durchmesser laufen Impulse nur mit einer Fortpflanzungsgeschwindigkeit von einigen cm/sec; „Riesenfasern" von Tintenfischen mit Durchmessern von mehr als 0,5 mm leiten mit 25 m/sec. Ebenso hohe Geschwindigkeiten werden jedoch von Nervenfasern einer Katze erreicht, die nur 4 µm dick sind. Dies hängt mit der Körpertemperatur, vor allem aber mit der besonderen Nervenscheide aus Myelin zusammen, die bestimmte Typen von Nervenfasern von Wirbeltieren umgibt. Diese *Myelinscheide,* das sog. „Nervenmark", besteht aus vielen um die Nervenfaser gewickelten Lagen von Hüllzellen, welche die Faser bis auf kleine Regionen in Abständen von ungefähr 1 mm, die *Ranvierschen Schnürringe,* elektrisch nach außen isolieren. Die Erregung einer Stelle der Axonmembran depolarisiert nicht direkt benachbarte Membranstellen, da die Isolierschicht einen Schluß der Stromschleife nach außen über die Membran weitgehend vermindert. Der Strom tritt erst am nächsten Schnürring aus der Faser und ruft dort wieder eine Depolarisation hervor. Die Erregung springt so von Schnürring zu Schnürring über die Faser *(saltatorische Erregungsleitung),* die Leitungsge-

Vgl. Abb. Seite 15

schwindigkeit ist vervielfacht. Die Stromdichte an einem Ring reicht mit mehrfacher Sicherheit zur Überschreitung der Auslöseschwelle für einen AoN-Impuls am nächsten, sogar übernächsten Ring aus. Dicke, myelinhaltige Nervenfasern von Säugetieren (Warmblüter!) leiten Impulse mit einer Geschwindigkeit von mehr als 100 m/sec. Entsprechende Kaltblüternerven leiten etwas langsamer, da die Aktionspotentiale als physikalisch-chemische Prozesse bei niedrigen Temperaturen langsamer ablaufen. Die Ersparnis an Baumaterial für leitende Strukturen ist durch die Entwicklung der Myelinscheide sehr groß: Auf die gleiche Länge berechnet, wird bei der Faser der Katze nur etwa 1/15 000 des Zellvolumens der Tintenfischfasern zur Erreichung der gleichen Leitungsgeschwindigkeit benötigt.

Nervensysteme

Nervensysteme bestehen aus untereinander durch Fortsätze verbundenen und durch Nervensignale in Wechselbeziehung stehenden Elementen, den *Neuronen*. *Rezeptoren* nehmen die Meßdaten aus der Um- und Innenwelt eines Organismus auf und leiten sie in codierter Form dem Nervensystem zu; *Effektoren*, wie Muskel- und Drüsenzellen, leisten bei Anregung durch Nervenimpulse und andere Formen elektrischer Erregung mechanische und sekretorische Arbeit. Zwischen Rezeptoren und Effektoren stehen die *Schaltneurone*, die bei höheren Tieren den Hauptteil des Nervensystems ausmachen. Dieses enthält bei manchen Insekten mehrere Millionen, bei höheren Säugetieren viele Milliarden von Nervenzellen.

Im Laufe der *Stammesgeschichte* haben sich aus einfachen Nervensystemen komplizierte und leistungsfähigere herausgebildet. Hochentwickelte Nervensysteme sind z.B. bei Primaten die Voraussetzung für den gezielten Gebrauch von Händen und Fingern, dem eine besonders präzise Verarbeitung von Sinnesreizen bei der Kontrolle der Bewegung und Kraftausübung bzw. fein abgestimmte motorische Erregungsmuster zur Bewegungssteuerung zugrunde liegen. Die Herstellung eines Gegenstands durch einen Handwerker bedarf dazu noch der Erfahrung und Übung, der Vorausplanung und des sinnvollen Einsatzes von Hilfsmitteln.

Untersuchungsmethoden

Die *Anatomie* beschreibt den makro- und mikroskopischen Aufbau verschiedener Zentren und deren Verbindungen, die Bahnen. Im *Elektronenmikroskop* können die Synapsen, die Verbindungsstellen zwischen den Neuronen, und andere Details des Feinbaus sichtbar gemacht werden. Die *klinische Forschung* zeigt an krankhaften Ausfallerscheinungen und psychischen Veränderungen die Bedeutung einzelner Gebiete des Nervensystems. Die Auswirkungen gezielt gesetzter *Verletzungen* von Zentren und Bahnen bei Tieren geben weiteren Aufschluß.

In *elektrophysiologischen Untersuchungen* wird als Elektroenzephalogramm (Hirnstromaufzeichnung) die elektrische Aktivität verschiedener Regionen des Gehirns von Tieren und Menschen registriert. Im Tierversuch lassen sich

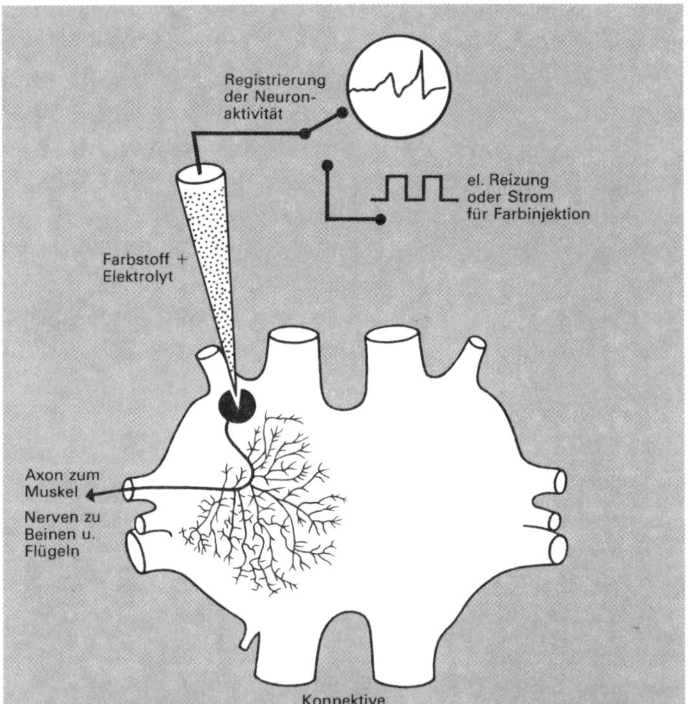

Die Mikroelektrode steckt in einem Motoneuron eines Thorakal-Ganglions aus dem Bauchmark einer Heuschrecke. Zuerst wird die elektrische Aktivität (z. B. bei Bein- oder Flügelbewegungen) registriert (Schalter oben), dann wird elektrolytisch Farbstoff aus der Elektrode in das Neuron getrieben, wobei sich dessen Fortsätze anfärben (Schalter unten).
(Nach Ergebnissen von BURROWS).

Elektroden in definierte Areale des Nervensystems einführen, über welche die elektrische Aktivität einzelner Neurone oder Neurongruppen registriert wird. Wichtige Ergebnisse bringt die permanente Implantierung solcher Elektroden in das Gehirn und die Beobachtung der Nervenaktivität bei bestimmten Verhaltensweisen bzw. umgekehrt, die Beobachtung des Verhaltens bei elektrischer Aktivierung der Zentren über die Elektroden, was eine grobe Imitation der natürlichen elektrischen Aktivität in der betreffenden Region darstellt. Schließlich kann durch lokale Unterkühlung oder Injektion von *Pharmaka* durch Mikropipetten ein bestimmtes Areal zeitweilig oder für dauernd ausgeschaltet oder in bestimmter Weise beeinflußt werden. Solche Verfahren benützen auch Mediziner, um ein krankes Nervenzentrum auszuschalten, wie z.B. bei einer operativen Therapie der Parkinsonschen Krankheit.

Alle diese Methoden ergeben vorläufig ein noch sehr unvollständiges Mosaik aus Einzelbefunden an Nervensystemen verschiedener Tiere und des Menschen. In jüngster Zeit ist es jedoch gelungen, bei einigen Egeln, Schnecken, Krebsen und Insekten die Arbeitsweise einzelner *Neurone in kleineren Verbänden* zu studieren. Diese Tiere besitzen in ihren Ganglien vergleichsweise wenige Nervenzellen, daher spielen individuelle Neurone eine große Rolle. Zum Beispiel werden alle die komplizierten Bein- und Flügelbewegungen einer Heuschrecke von jeweils nur 80 Neuronen in jedem der drei zugehörigen Thorakalganglien gesteuert. Man kann solche Neurone gezielt mit Mikroelektroden anstechen und ihre elektrische Aktivität bei verschiedenen Bein- und Flügelbewegungen sowie ihr Zusammenspiel mit anderen Neuronen untersuchen. Injiziert man aus der Elektrode Farblösung in die Nervenzelle, so läßt sich diese bis in ihre feinsten Verzweigungen im Ganglion sichtbar machen.

Vgl. die Riesenneurone, Seite 33

Vgl. Abb. Seite 20

Die komplexeren Schaltkreise von hochentwickelten Gehirnen sind neurophysiologisch zur Zeit nicht erfaßbar. Selbst wenn man weiß, welche Neurone miteinander verbunden sind und wie Hemm- und Erregungssignale in diesen Netzen laufen, so ist doch die Arbeitsweise des Gesamtnetzes nicht durchschaubar. Wir wissen zwar, daß Handlungsentwürfe in der motorischen Großhirnrinde entstehen, aber wir wissen nicht auf welche Weise. Auf diesem Gebiet sind wir noch weitgehend auf indirekte Schlüsse und Modellvorstellungen angewiesen, wie sie z.B. die Informationstheorie liefert.

Synapsen und Verschaltungen von Neuronen

Vgl. Abb. Seite 23

Die *Kontaktstellen* zwischen den einzelnen Nervenzellen, zwischen Nerven- und Sinneszellen sowie Nerven- und Muskelzellen werden als *Synapsen* bezeichnet.

Nervenzellen sind, wie alle Zellen, vollständig von einer Zellmembran umgeben. Die Membranen benachbarter Neurone liegen an bestimmten Stellen dicht zusammen; meist bleibt jedoch ein kleiner, einige zehn Nanometer breiter Spalt, der sog. *synaptische Spalt*. In einigen Fällen ist die Verbindung zwischen zwei Zellen so eng und großflächig, daß die Stromdichte an der Membran des einen Neurons zur direkten überschwelligen Depolarisation der Membran der Nachbarzelle ausreicht; es kommt zu einer direkten elektrischen Übertragung der Erregung *(elektrische Synapsen)*. Man findet dies u. a. im Bauchmark von Krebsen zwischen Riesenfasern und Motoneuronen, im motorischen System zur Steuerung der Entladungen elektrischer Organe bestimmter Fische und auch in Zentren zur Steuerung der Irismuskulatur. An solchen Synapsen löst jeder präsynaptische (= im Axon vor der Synapse einlaufende) Impuls einen postsynaptischen (= im Neuron nach der Synapse) aus, man spricht von 1 : 1 Übertragung. Meist sind die Abstände der Neurone jedoch zu groß und die Kontaktflächen zu klein für eine solche direkte Depolarisation. In diesem weit häufigeren Fall erfolgt die Übermittlung der Erregung auf chemischem Wege durch einen Transmitterstoff, man spricht hier von *chemisch übertragenden Synapsen*. Der *Transmitter* ist in der präsynaptischen Endigung der zuleitenden Faser enthalten, u. a. in den synaptischen Bläschen, und wird bei Ankunft eines Impulses in und aus der Endigung freigesetzt. Er diffundiert über den synaptischen Spalt und bewirkt an speziell für diesen Transmitterstoff empfindlichen Empfangsstellen der Membran des postsynaptischen Neurons (Dendrit oder Zellkörper) eine Steigerung der Membranpermeabilität für bestimmte Ionen. Dadurch entsteht ein Aktions-, ein *postsynaptisches Potential* (PSP). Zwischen der Ankunft des präsynaptischen Impulses und dem PSP vergehen einige Millisekunden, die Synapse überträgt mit *Verzögerung*. An Synapsen zwischen Nervenaxonen und bestimmten Muskelzellen konnte man durch Injektion von Transmitterstoff in die Synapsen die gleiche Erregung an der Muskelfaser erzielen, wie sie durch Nervenimpulse aus ankommender Faser hervorgerufen wird.

SYNAPSEN

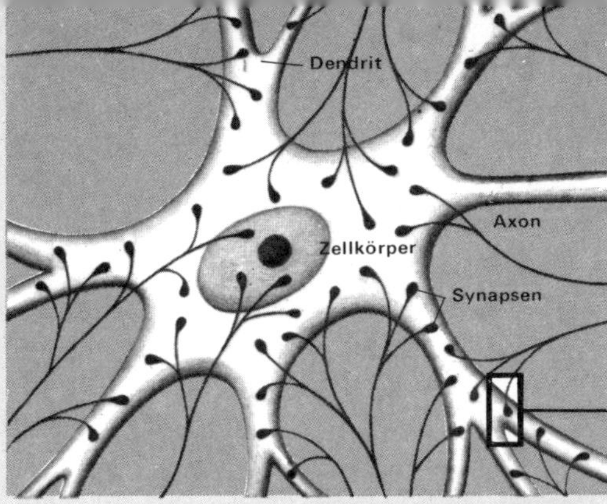

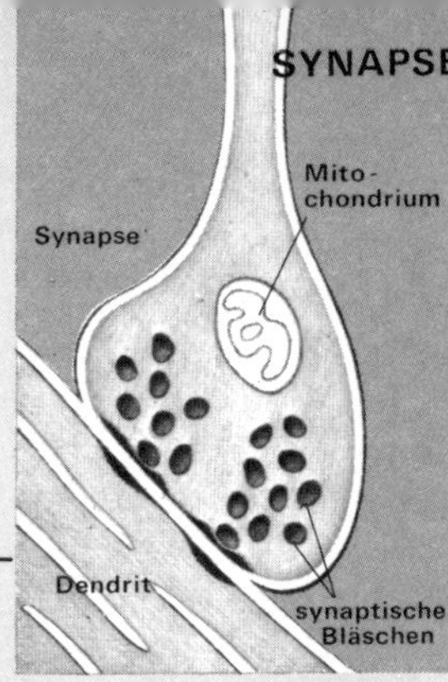

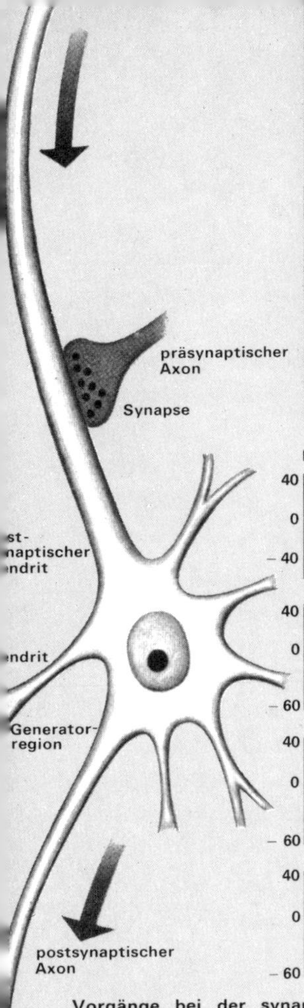

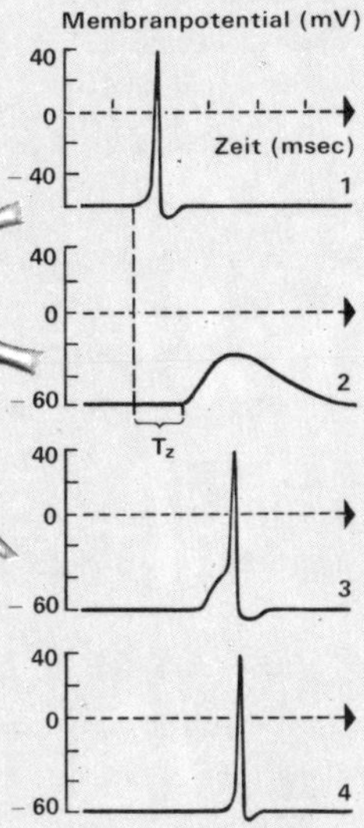

Synapsen sind spezielle Kontaktelemente im Nervensystem, durch welche die Nervenzellen untereinander bzw. mit ihrem Erfolgsorgan (z. B. Muskelzellen) verschaltet sind.

Die Erregungsübertragung erfolgt bei diesen Strukturen überwiegend auf chemischem Wege durch einen *Transmitterstoff*, der bei Erregung der Synapse durch einen präsynaptischen Impuls an der Synapsenmembran freigesetzt wird, zur benachbarten Nervenzellmembran diffundiert und an dieser ein postsynaptisches Potential (PSP) hervorruft. Wichtige Eigenschaften der Synapsen sind ihre Gleichrichterwirkung, die eine gerichtete Erregungsübertragung in den Leitungsbahnen ermöglicht, ferner die Beeinflußbarkeit ihrer erregungsübertragenden Funktion durch bestimmte chemische Substanzen *(Synapsenblocker)* und damit die Möglichkeit der Leitungsunterbrechung sowie die mit zeitlicher Verzögerung (T_Z) behaftete Erregungsübertragung.

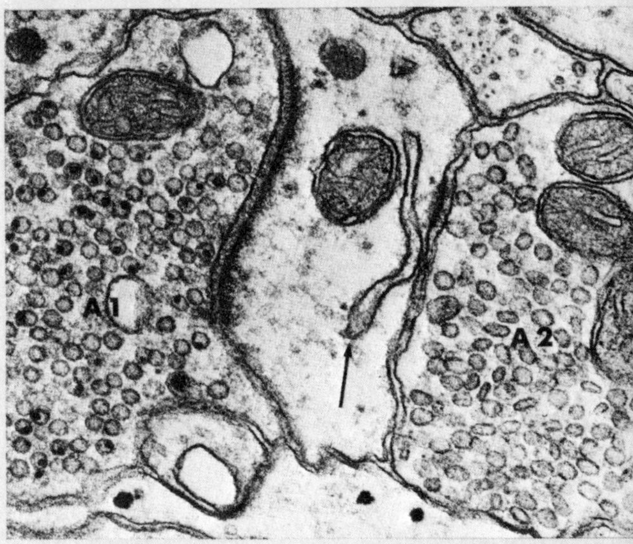

Vorgänge bei der synaptischen Erregungsübertragung
Die Umformung und zeitliche Verzögerung der Aktionspotentiale bei der synaptischen Übertragung sind in Abb. oben dargestellt. Ein über den präsynaptischen Axon einer (nicht gezeichneten) Nervebzelle an der Synapse eintreffender AoN-Impuls (1) löst bei der synaptischen Übertragung mit zeitlicher Verzögerung am postsynaptischen Dendriten ein postsynaptisches Potential aus (2). Gelangt dieses in überschwelliger Höhe in die Generatorregion (3), so löst es dort einen AoN-Impuls aus, der über den (postsynaptischen) Axon läuft (4). Photo rechts: Zwei präsynaptische Faserenden (A 1, A 2) mit Transmitterbläschen, über Synapsen (erweiterter dunkler Spalt) mit einem postsynaptischen Element (Mitte) verbunden.

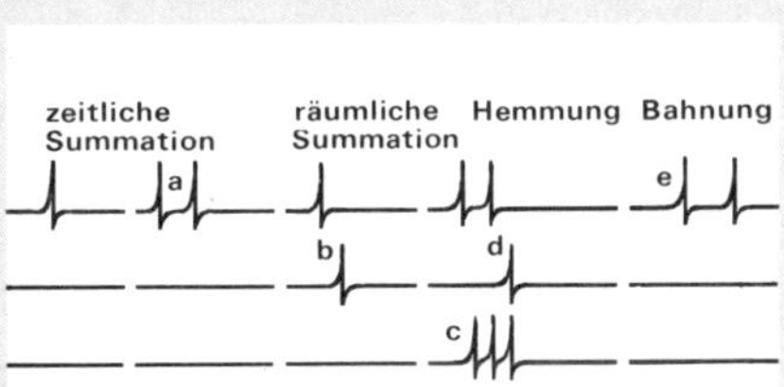

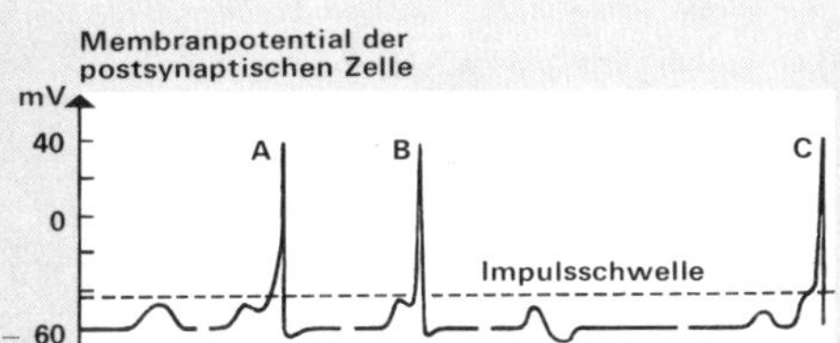

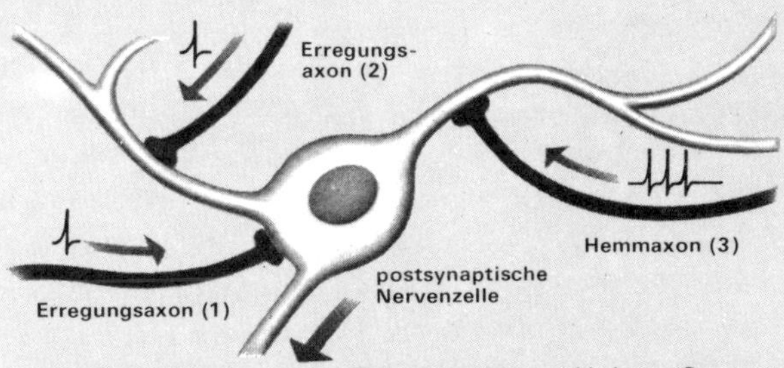

Summation, Hemmung und Bahnung. An verschiedenen Synapsen einer Nervenzelle eintreffende Impulse können sich in unterschiedlicher Weise in ihrer Wirkung beeinflussen. So können über einen Erregungsaxon (1) kurz hintereinander eintreffende, »unterschwellige« Impulse (a) summiert werden *(zeitliche Summation)* und an der Nervenzelle ein Aktionspotential (A) auslösen. Laufen die Impulse (b) über verschiedene Erregungsaxone (1, 2), so entsteht ein Aktionspotential (B) durch *räumliche Summation*. Impulse (c) vom Hemmaxon (3) können die Wirkung erregender Impulse (d) blockieren *(Hemmung)*. Von *Bahnung* spricht man, wenn ein Impuls (e) das Ansprechen (C) der Nervenzelle auf einen etwas später eintreffenden Impuls ermöglicht.

Synapsen leiten die Erregung nur in einer Richtung; meist finden sich Transmitterbläschen nur auf der Seite des präsynaptischen Axons. Damit ist gesichert, daß die Erregung nicht wieder zurücklaufen kann (*Gleichrichterwirkung* der Synapse). Chemisch übertragende Synapsen können durch Synapsenblocker gesperrt werden, welche entweder die Angriffsstellen des Transmitters an der postsynaptischen Membran besetzen oder den Stoffwechsel des Transmitters blockieren. Ein solches Gift ist z. B. Curare, das die Übertragung an den Synapsen zwischen den motorischen Nerven und den Skelettmuskelfasern blockiert und damit Lähmungen verursacht.

Vgl. Abb. Seite 23

Man kennt zwei Typen von synaptischen Schaltstellen, die sich funktionell unterscheiden lassen: Erregungs- und Hemmsynapsen. An der *Erregungssynapse* erhöht der Transmitter die Permeabilität der postsynaptischen Membran für Natrium-, Kalium- und Chlorionen und löst so eine Depolarisation aus, ein erregendes PSP, kurz EPSP genannt. Das EPSP unterscheidet sich vom AoN-Impuls am Axon durch langsameren Ablauf und vor allem durch Variabilität der Amplitude. Es gehorcht nicht der AoN-Regel, die Amplitude ist von der Zahl der präsynaptischen Impulse und dem momentanen allgemeinen Erregungszustand der Zelle abhängig. Ein EPSP breitet sich nur über eine begrenzte Strecke der Zellmembran aus (meist liegen die Synapsen an Dendriten oder am Zellkörper); es kann aber bis zum Axonursprung, der „Generatorregion“ für die Impulsbildung gelangen, bei hinreichender Amplitude dort die Schwelle für die Impulsbildung überschreiten und einen (postsynaptischen) Impuls auslösen, der über den Axon zur nächsten Zelle läuft.

An *Hemmsynapsen* bewirkt der Transmitter eine selektive Erhöhung der Permeabilität der postsynaptischen Membran für Kalium- oder Chlorionen; dadurch wird die postsynaptische Membran hyperpolarisiert. Es entsteht ein inhibitorisches (= hemmendes) PSP, kurz IPSP genannt, welches die Impulsbildung am Neuron hemmt.

Transmitterstoffe sind sehr spezifisch wirkende Substanzen. Ihr Effekt wird durch die Spezifität des Angriffsorts, des Empfängers in der Membran der postsynaptischen Zelle, bestimmt. Der bekannteste Transmitterstoff ist das Acetylcholin. Diese Substanz wirkt an Nerv-Muskel-Synapsen erregend, hemmt jedoch – ausgeschüttet von Axonenden des Nervus vagus – die Schrittmacherzellen des Wirbeltierher-

zens. Man nimmt an, daß Acetylcholin auch im Zentralnervensystem Transmitterfunktion hat. An anderen Synapsen hat man Noradrenalin als Überträgerstoff nachgewiesen, z.B. am Herzen, wo es erregend auf die Schrittmacherzellen wirkt, und im vegetativen Nervensystem. An wieder anderen Synapsen fand man γ-Aminobuttersäure (GABA); auch dem Hydroxitryptamin (Serotonin) wird Transmitterfunktion zugeschrieben.
Untersuchungen an Nerv-Muskel-Synapsen zeigen, daß die Acetylcholinmoleküle in Wechselwirkung mit spezifischen Proteinmolekülen (Rezeptorproteinen) eines bestimmten Abschnitts der Membran der Muskelzelle direkt an der Synapse (subsynaptische Membran) treten. Daraufhin kommt es zu Permeabilitätssteigerungen für bestimmte Ionen an dieser Stelle und Ausbildung des PSP. Das Acetylcholin wird sofort danach durch ein spezielles Enzym, die Acetylcholinesterase, gespalten und unwirksam gemacht; die subsynaptische Membran wird wieder weniger durchlässig für die Ionen, das PSP geht zurück.

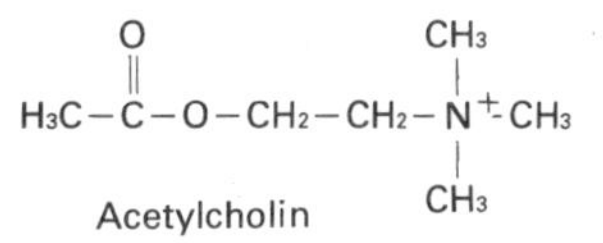

Acetylcholin

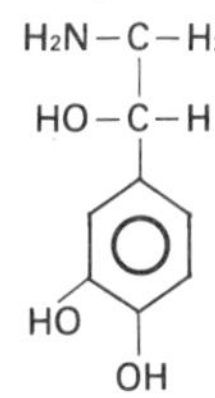

Noradrenalin

Präsynaptische AoN-Impulse werden an Synapsen in graduierte langsame PSPs umgesetzt, die je nach Polarisationsrichtung und Amplitude die Impulsaktivität der postsynaptischen Zelle erhöhen oder erniedrigen. Die PSPs haben Übermittlungsfunktion in der Zelle; durch sie werden die (in zahlreichen Fällen vielen tausend) synaptischen Eingänge der Nervenzelle verrechnet. Dabei spielt es eine Rolle, welcher der vielen Eingänge aktiv ist, wie viele Impulse pro Zeiteinheit eintreffen und an wie vielen Synapsen kurz hintereinander oder gleichzeitig Impulse ankommen *(zeitliche und räumliche Summation).*

Vgl. Abb. Seite 23

Durch Verstellung des Erregungspegels (Ansprechschwelle usw.), spezifische Erregbarkeit und Leitungseigenschaften bestimmter Zellabschnitte kann die Antwortcharakteristik zusätzlich variiert werden. Mit derartigen Recheneinheiten arbeitet das gesamte Nervensystem. Spezielle Verbindungsarten ermöglichen die komplexen Muster nervöser Tätigkeit, z.B. bei der Verarbeitung der Information von außen und bei der Ausbildung von Erregungsmustern für die Muskelsteuerung. Dabei finden sich einige immer wiederkehrende Grundtypen der Verschaltung. Wird z.B. beim Fremdreflex der Sinneseingang stark bzw. wiederholt gereizt, kommt es zur *Bahnung*, d.h., vorher unterschwellige präsynaptische Signale können ein für Aktionspotentiale überschwelliges

Vgl. Seite 37

PSP auslösen. Es werden also zunehmend mehr Neurone aktiviert. Andererseits ist es notwendig, solche Erregungsausbreitung zu begrenzen. Viele Neurone werden deshalb kurze Zeit nach dem Beginn der Erregung wieder abgeschaltet. Dies erfolgt durch die sog. *Eigenhemmung* oder rekurrente Hemmung, bei welcher Seitenzweige des Axons der erregten Zelle ein Interneuron synaptisch erregen, dessen Axon wiederum hemmend auf das erste Neuron verschaltet ist. In vielen Schaltkreisen wie z. B. bei den Rückenmarksreflexen, aber auch bei höheren Zentren, führt Erregung in einer Neurongruppe gleichzeitig zur Hemmung in anderen Gruppen. Bei einer Kontraktion der Streckermuskeln eines Körpergliedes erfolgt gleichzeitig eine Hemmung der Motoneurone für die Beugermuskeln *(Antagonistenhemmung)*. Werden in Sinnesbahnen Neurone erregt, so hemmen diese meist gleichzeitig bestimmte Nachbarneurone, die Erregung wird streng auf nur einen Meldekanal eingegrenzt (Umfeld- oder *laterale Hemmung*). Hemmvorgänge spielen eine wesentliche Rolle für die Stabilität aller Schaltkreise des Nervensystems, sie verhindern Überschwingen und unkoordinierte Erregungsausbreitung. Fallen sie aus, dann kommt es zu überschießender Erregung. Dies geschieht z. B. in der Großhirnrinde eines Menschen bei einem epileptischen Anfall.

Vgl. Seite 37

Vgl. Seite 62

Nervensysteme von Wirbellosen

EINZELLER. Eine wichtige und wohl auch ursprüngliche Aufgabe von Nervensystemen ist die Nachrichtenübermittlung im Organismus, beispielsweise die Zuleitung von Informationen über den Zustand der Außenwelt an das Bewegungssystem, das daraufhin entsprechend aktiviert werden kann. Eine solche Nachrichtenübermittlung existiert bereits bei einigen Einzellern, z. B. bei *Ciliaten* (Wimpertierchen), die sich nach Außenreizen orientieren und mit Hilfe koordiniert schlagender Wimpern gerichtet fortbewegen können. Über diejenigen Strukturen innerhalb des Einzellerkörpers, die eine Erregungsübertragung und die Koordination der Wimperbewegung gewährleisten, ist nichts bekannt.

Vgl. Abb. Seite 27

HOHLTIERE. Bei Hohltieren bilden mehrere Typen von Neuronen *netzartige Nervensysteme* in der Körperwand. Die Fortsätze bestimmter Nervenzellen werden zu dicken Strängen zusammengefaßt, in denen die Erregung rasch über grö-

NERVENSYSTEME WIRBELLOSER

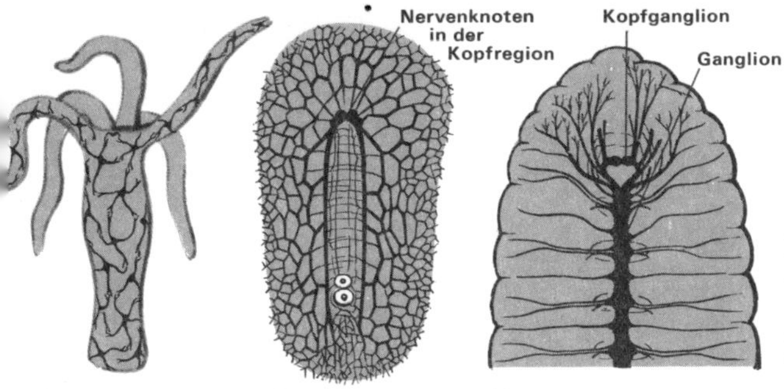

Süßwasserpolyp **Strudelwurm** **Regenwurm** (Vorderende)

Die Nervensysteme der Tiere bestehen aus einem Netzwerk von mehr oder minder kompliziert miteinander verschalteten Nervenzellen, welche die von den Rezeptoren aus der Umwelt aufgenommenen Reize verarbeiten, Erregungsmuster für die Motorik bilden und vegetative Vorgänge steuern. Daneben ermöglicht das Nervensystem die Speicherung von Informationen und höhere Integrationsleistungen.

Die komplizierten Nervensysteme der höheren Tiere mit ihren bis zu mehreren Milliarden *Nervenzellen (Neuronen)* haben sich im Laufe der Evolution aus einfachen Nervensystemen entwickelt, wie wir sie z. B. in den *Nervennetzen* der *Hohltiere* vor uns haben (Abb. oben). Beim *Süßwasserpolypen (Hydra)* sind die netzartig verbundenen Nervenzellen nahezu gleichmäßig über den ganzen Körper verteilt. Im Nervensystem des *Strudelwurms* ist in der Kopfregion bereits eine deutliche Anhäufung von Nervenzellen zu Knoten (Ganglien) zu beobachten. Beim *Regenwurm*, einem Gliedertier, sind die Zellkörper der Nervenzellen und die Kurzverbindungen zwischen den Neuronen hauptsächlich in Ganglien konzentriert.
Die *Gliedertiere* haben ein *Strickleiternervensystem*, d. h., die beiden, durch Querverbindungen *(Kommissuren)* miteinander verbundenen Ganglien eines Segments sind durch Längsverbindungen *(Konnektive)* mit den Ganglien anderer Körpersegmente verknüpft. Bei der *Honigbiene* (rechts) sind mehrere Ganglien zu einem *Oberschlundganglion (Gehirn)* verbunden.

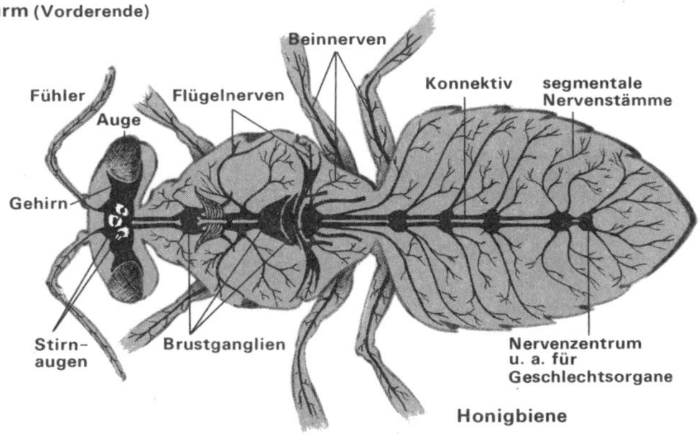

Honigbiene

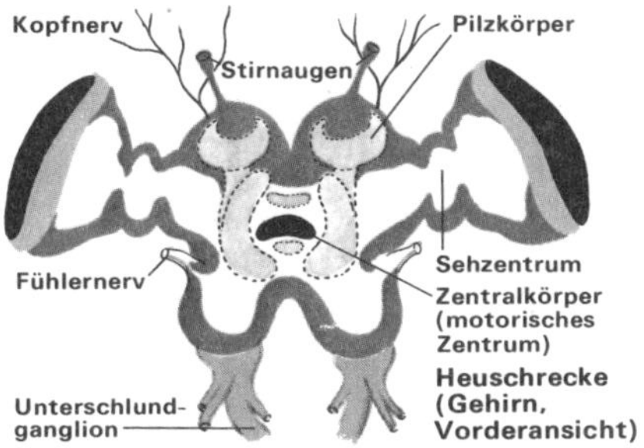

Heuschrecke (Gehirn, Vorderansicht)

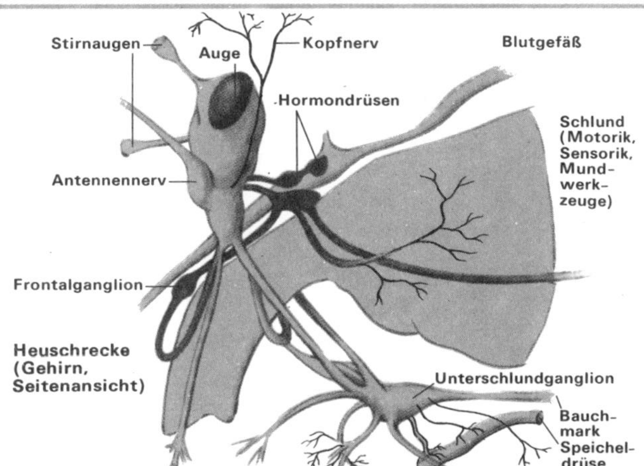

Heuschrecke (Gehirn, Seitenansicht)

Abb. rechts zeigt die Nervenzentren im Kopf einer *Heuschrecke* (Seitenansicht). Auf dem Schlund sitzt das Oberschlundganglion (Gehirn) mit den Komplex- und Stirnaugen und den Antennennerven. Im Frontalschnitt des Gehirns (Abb. oben) läßt sich u. a. die Lage des *Zentralkörpers* (motorisches Zentrum) und der *Pilzkörper* (Koordinationszentren) erkennen.

Schreckreaktionssystem der *Schabe* (Abb. rechts). Die Sinneszellen feiner Haare auf den Hinterleibsanhängen sprechen mit einer Latenzzeit von 0,5 msec. auf eine Ablenkung der Haare durch leichte Luftbewegung an. Die Erregung wird über die Synapse S 1 in 1–2 msec auf die Riesenneurone übertragen, von diesen über S 2 in 4–5 msec auf die Motoneurone der Beinstrecker und von diesen über S 3 in 4 msec auf die Muskeln. Innerhalb von ca. 5 msec entwickeln die Muskeln Spannung. Das Tier springt nach insgesamt etwa 20 msec weg.

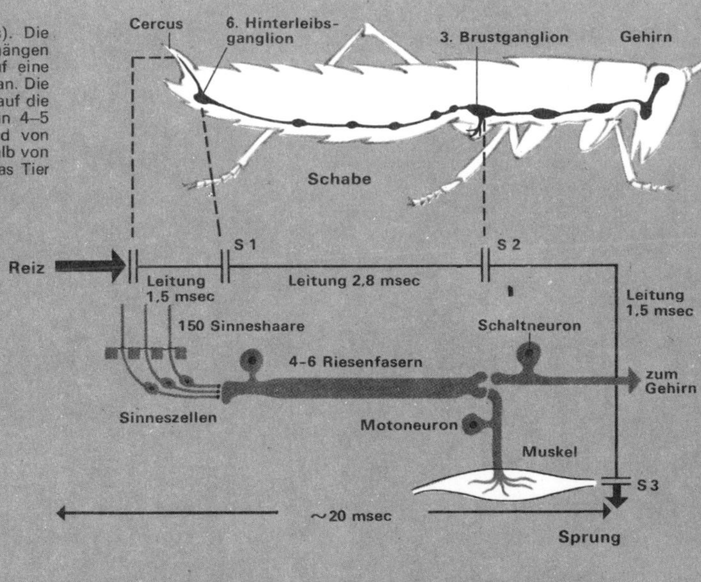

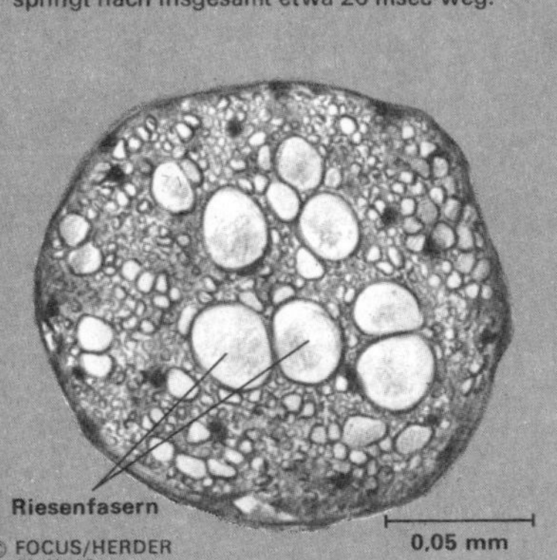

ßere Areale des Körpers verteilt wird, z. B. bei Quallen zur Koordination der Arbeit vieler Muskelzellen beim Zusammenziehen der Glocke für das Rückstoßschwimmen. Die Schweresinnesorgane *(Statocysten)* dieser Tiere haben Verbindung zu solchen rasch leitenden Bahnen; ihre Erregung dient der Anpassung der Bewegungen an die räumliche Lage des Körpers im Wasser. Bei koloniebildenden Polypen sind die einzelnen Individuen durch ein *Erregungsleitungssystem* miteinander verbunden.

Vgl. Abb. Seite 27

NIEDERE WÜRMER, z. B. Strudelwürmer, zeigen bereits eine gewisse *Konzentration* von *Nervenzellen* in der Körpermitte entlang der Längsachse und vor allem in der Vorderregion. Schon bei diesen vergleichsweise primitiven Tieren ist damit eine Entwicklung zu beobachten, die durch die ganze Stammesgeschichte zieht: Überall im Tierreich werden mit der Ausbildung eines Kopfes wichtige Sinnesorgane in dieser Region konzentriert, z. B. Geschmacksrezeptoren um die Mundöffnung, Fern- und Nahsinnesorgane, wie Augen, Ohren, Nasen, Fühler usw. Entsprechend vermehrt sind auch die Neurone in den Nervenzentren dieser Region zur Verarbeitung der Reize; dazu treten übergeordnete motorische Zentren und Assoziationsregionen. Parallel zu einer Kopfbildung finden wir also eine Gehirnbildung.

Vgl. Abb. Seite 27

GLIEDERTIERE. Bei Gliedertieren, wie Ringelwürmern und Gliederfüßern, liegt ursprünglich in jedem Körpersegment auf jeder Körperseite ein kleines Nervenzentrum *(Ganglion)* aus Nervenzellen und Verbindungsfasern, in das hinein die Axone der Sinneszellen und aus dem heraus die Axone der motorischen Neurone zu den Muskeln treten. Ganglien und Nerven sind von *bindegewebigen Hüllen* eingeschlossen, die einmal die empfindlichen Nervenstrukturen schützen und zum anderen eine Barriere für den Stoffaustausch zwischen dem extrazellulären Milieu um die Nervenzellen und der Körperflüssigkeit darstellen. Zum Beispiel enthält die Körperflüssigkeit pflanzenfressender Schmetterlinge viel Kalium und wenig Natrium, was den extrazellulären Bedingungen für das Ruhe- und Aktionspotential der Neurone nicht entspricht. Hier sorgt nun die Nervenhülle für die Erhaltung des richtigen Ionenmilieus. Der Transport von Nahrungsstoffen und Sauerstoff zu den Neuronen wird von sog. *Gliazellen* übernommen, welche u. a. auch Abfallstoffe aufnehmen.

Die beiden Ganglien eines Körpersegments sind durch Kommissuren, die Ganglienpaare benachbarter Segmente durch Konnektive miteinander verbunden; es entsteht ein *Strickleiternervensystem* an der Bauchseite des Tieres (Bauchmark). In der Vorderregion sind bei vielen Gliederfüßern mehrere Körpersegmente zu einem Kopf verschmolzen. Bei Insekten z.B. sind die den ersten drei Abschnitten entsprechenden Ganglien zu einem *Oberschlundganglion* oder Gehirn vereinigt, in dem die Verarbeitungszentren für die Eingänge aus den Komplex- und Stirnaugen, den Fühlern und anderen Sinnesorganen des Kopfes liegen. Dazu treten motorische Zentren und Regionen der Koordination, z. B. die sog. Pilzkörper, denen bei hochentwickelten Insekten wie Bienen und Ameisen eine besondere Bedeutung für die Integration von Hirnleistungen zugeschrieben wird. Je ein großes Konnektiv beiderseits des Schlunds verbindet das Gehirn mit dem Unterschlundganglion, welches Zentren für Mundwerkzeuge, Tast- und Geschmackssinnesorgane und übergeordnete Zentren für die Motorik enthält. Dahinter schließt sich das übrige Bauchmark an.
Zwischen verschiedenen Zentren auf gleichen und verschiedenen Verantwortungsniveaus des Nervensystems besteht *Arbeitsteilung* und *Zusammenarbeit.* Im Ganglion eines Brustsegments werden selbständig die motorischen Erregungsmuster für die Bewegungen des entsprechenden Bein- oder Flügelpaares gebildet: der Grundrhythmus für Auf- und Abschlag der Flügel, das Vorziehen und Zurückstemmen der Beine sowie die richtige Zusammenarbeit der Beuger- und Streckermuskeln in den verschiedenen Beinabschnitten. Zwischen den Ganglien der einzelnen Segmente besteht Kooperation bei der Koordinierung der Bewegungen der verschiedenen Extremitäten zum geregelten Flug oder Gang. Motorische Zentren in den Kopfganglien überwachen das Einhalten bestimmter Bewegungsmuster (Zusammensetzen der Bewegungselemente) beim Laufen, Springen und Fliegen. Die Auswahl der Bewegungsmuster selbst erfolgt wahrscheinlich im Oberschlundganglion, etwa entsprechend den Informationen über Außenwelt und Stimmung der Tiere: Bei Anwesenheit eines Weibchens beginnen Balz- oder Kopulationsbewegungen, bei Gegenwart eines Rivalen Kampf.
Unter den Gliederfüßern zeigen besonders die Insekten eine hohe Stufe nervöser Leistungen. Staatenbildende Bienen, Ameisen und Termiten haben komplizierte *Handlungsfolgen*

im Dienste des Sozialwesens entwickelt, wie z.B. die Aufzucht von Blattläusen und das komplizierte Fütterungs- und Pflegeverhalten gegenüber Stockgenossen. Es finden sich *Kommunikationssysteme* etwa mit Hilfe von Duftsignalen sowie planvolle Bautätigkeit beim Errichten und Einrichten der Nester. Ganz allgemein trifft man bei Insekten und auch vielen Krebsen auf hervorragende *Orientierungsleistungen* mit Hilfe hochentwickelter Sinnesorgane, gute *Gedächtnisleistungen* und sehr geschickte *Bewegungen.*

Vgl. Seite 121

WEICHTIERE. Das Nervensystem der Weichtiere ist je nach Entwicklungsstufe und Tiergruppe recht unterschiedlich gebaut. In einfachen Fällen besteht es aus 4–6 *Ganglienpaaren* mit Längs- und Querverbindungen und einer größeren Zahl von Nerven von und zu den einzelnen Körperorganen. Meist sind ein *Oberschlundganglion* und jeweils gesonderte Ganglien für die Regionen des Fußes, die Eingeweide und die seitlichen Körperregionen vorhanden. Kopffüßer, wie Kalmare und Tintenfische, sind wohl die Wirbellosen mit den am höchsten organisierten Nervensystemen. Sie können geschickte Bewegungen ausführen, lernen sehr rasch, können auch komplizierte Aufgaben lösen, besitzen ein reiches Inventar an Sinnesorganen und zeigen ein sehr komplexes Verhalten, in dem Spontaneität und Motivation eine große Rolle spielen. Bei diesen Tieren finden wir eine ausgeprägte *Gehirnbildung* mit zahlreichen Zentren und Verbindungen; die Zahl der Neurone erreicht mehrere hundert Millionen. Die Leistungen sind mit denen von Wirbeltieren vergleichbar.

Vgl. Abb. Seite 32

Nervensystem einer Schnecke (links) und eines Kopffüßers (rechts). A = Auge (beachte die w-förmige Pupille des Tintenfisches), AN = Armnerven, C = Cerebralganglion, G = Gehirn, Pa = Parietal-, Pe = Pedal-, Pl = Pleuralganglion (alle sind paarig), SG = Stellarganglion, St = Statocyste, V = Visceralganglion (unpaar). (Nach MEGLITSCH)

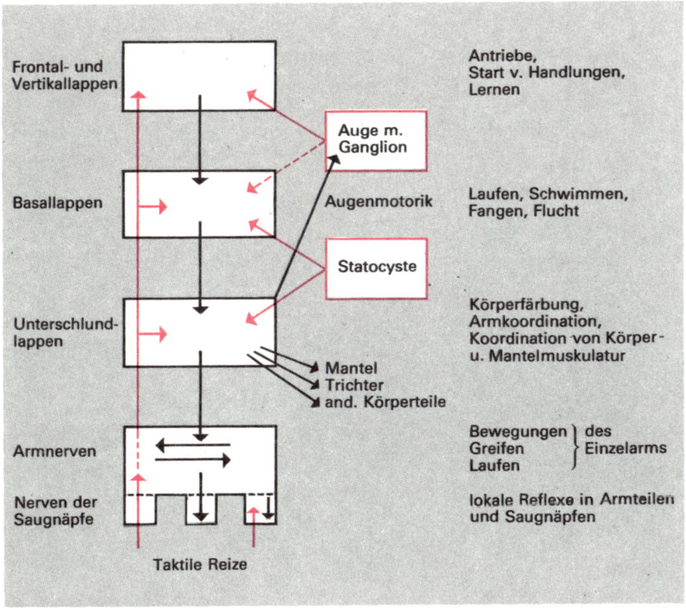

Schema wichtiger Zentren und Verbindungen des Nervensystems des Tintenfisches Octopus. Wichtige Sinnesbahnen rot. (Nach Daten von WELLS und BOYCOTT)

Wie bei Wirbeltieren und Gliederfüßern, so findet sich auch bei den Kopffüßern eine gewisse Selbständigkeit untergeordneter Zentren bei der Steuerung von Bewegungen. So regulieren Ganglien in den Armen reflexartig mit Hilfe von Sinnesmeldungen das Zusammenspiel der Muskeln innerhalb des Armes, der auch noch Bewegungen durchführen kann, wenn er vom Körper abgetrennt ist. Ein besonderes Ganglion im Mantelbereich, das *Stellarganglion*, sendet über spezielle Riesenfasern Signale für das Rückstoßschwimmen an die Mantelmuskeln. Vom *Unterschlundanteil* des Gehirns gehen die Kommandos zum Anstoß der unteren Zentren, besonders zur Koordination der Bewegungen verschiedener Körperteile aus. Die Funktion dieses Gebietes sowie der Arm- und des Stellarganglions kann am besten mit der des motorischen Anteils des Rückenmarks von Wirbeltieren verglichen werden. Durch die dem Schlund nächstliegenden Regionen des *Oberschlundabschnitts* werden Einzelbewegungen zu Handlungen zusammengesetzt wie Schwimmen, Angriff, Flucht, Beutefang. Von hier aus werden auch die sog. *Chromatophoren* gesteuert und damit das Farbmuster des Körpers. (Chromatophoren sind pigmenthaltige Zellen in der Haut, die sich mit Hilfe von Muskeln zusammenziehen und ausdehnen können.) Im Oberschlundganglion laufen sowohl Signale aus höheren

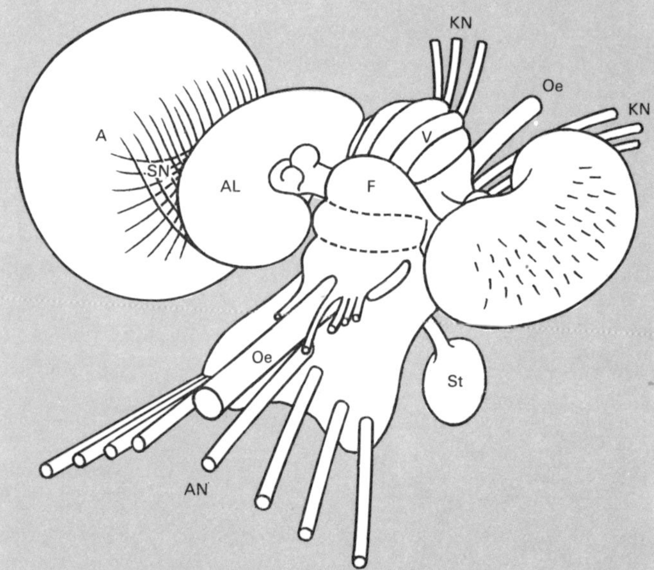

Gehirn eines Tintenfisches (Octopus). Die Arme des Tiers sind links zu denken. Das linke Auge ist nicht gezeichnet, um die zentralen Gehirnabschnitte zu zeigen. A = Auge, AL = Augenlappen (Sehzentren), AN = Armnerven, F = Frontallappen, KN = Körpernerven, Oe = Speiseröhre, SN = Sehnervenfasern, St = Statocyste, V = Vertikallappen. (Nach WELLS)

Auswertzentren für Sinnesreize als auch aus den Antriebszentren zusammen. Die Regionen für die Verarbeitung der Sinneseingänge liegen weiter dorsal. Eine große Rolle spielen Meldungen aus den Fangarmen und Tentakeln über die besonders für den Beutefang wichtigen taktilen Reize, aber auch solche aus den Gleichgewichtssinnesorganen, den Statocysten. Besonders auffallend sind die großen *Augen* der Kopffüßer und die mächtig entwickelten Nervenzentren für die Auswertung optischer Reize. Kopffüßer sind sehr geschickte Jäger und Schwimmer mit ausgezeichnetem Orientierungsvermögen. Sie sind auch die einzigen Wirbellosen, bei denen bisher Zentren für sehr *komplexe Gehirnleistungen* lokalisiert werden konnten. So laufen in den Vertikal- und Frontallappen des Gehirns Assoziationsvorgänge ab, hier liegen Zentren, von denen Antriebe auf das Verhalten ausgehen. In Zusammenarbeit mit den Sinneszentren kommt es zur Erkennung auch komplizierter Reizmuster und zu Kommandos für komplizierte Verhaltensweisen. Für das *Lernvermögen* und das *Gedächtnis* spielen offensichtlich die höheren Sinneszentren eine besondere Rolle.

RIESEN-NERVENFASERN. Viele Mollusken und Gliedertiere besitzen auffallend dicke Nervenfasern (Riesen-Nervenfasern) zur raschen Erregungsleitung in wichtigen Bahnen. Bei Tintenfischen laufen über einige solcher Axone mit Durchmessern bis zu 1 mm die motorischen Befehle zum Stellarganglion und von dort zur gesamten Mantelmuskulatur für die blitzschnelle Kontraktion der schnellen Muskelfasern beim Auspressen des Wassers aus der Mantelhöhle (Rückstoßschwimmen). Bei einigen Insekten bilden Riesen-Nervenfasern die Leitungsbahn für spezielle Alarmsignale, im Bauchmark von Regenwürmern und Blutegeln finden sich ebenfalls Riesenaxone.

Vgl. Seite 30

Vgl. Abb. Seite 27

Die Nervensysteme der Wirbeltiere

Sie bestehen aus einem Gehirn, einem Rückenmark, peripheren Nerven und einem besonderen System vegetativer Nerven samt deren Ganglien. Rückenmark und Gehirn liegen, gut geschützt, in einem Kanal der Wirbelsäule bzw. in der Schädelkapsel eingebettet. Innerhalb der Knochenhülle ist das Nervengewebe noch von einer sehr festen Bindegewebshaut umgeben; bei höheren Wirbeltieren befindet sich ein flüssigkeitsgefüllter Raum als Polster zwischen der festen Außenhaut und einer weichen Hülle direkt über dem Nervengewebe. Zentral ist das Rückenmark von einem Kanal *(Zentralkanal)* durchzogen, der sich im Gehirn zu einer Reihe von Hohlräumen *(Hirnventrikel)* erweitert. Ventrikel und Zentralkanal sind mit *Lymphe* ausgefüllt, aus welcher auch das Flüssigkeitspolster besteht.
Die Versorgung des Nervengewebes mit Sauerstoff und Nährstoffen (hauptsächlich Glucose) erfolgt über das Blut und die Lymphe.

RÜCKENMARK UND REFLEXE. Das Rückenmark ist ein durchgehender, beim Menschen einige Zentimeter dicker Strang aus Nervenzellen und Nervenfasern. Um den Zentralkanal liegt eine Masse aus Nervenzellkörpern, deren Dendriten und einigen Kurzstreckenverbindungen, die sog. *graue Substanz*. Um diese herum bilden die meist markhaltigen Axone von Rückenmarks- und Hirnneuronen, die *weiße Substanz*, die großen Verbindungsbahnen zwischen den einzelnen Regionen des Rückenmarks und dem Gehirn.
Der Grundbauplan sieht folgendermaßen aus: Ventral in der

NERVENSYSTEME HÖHERER WIRBELTIERE

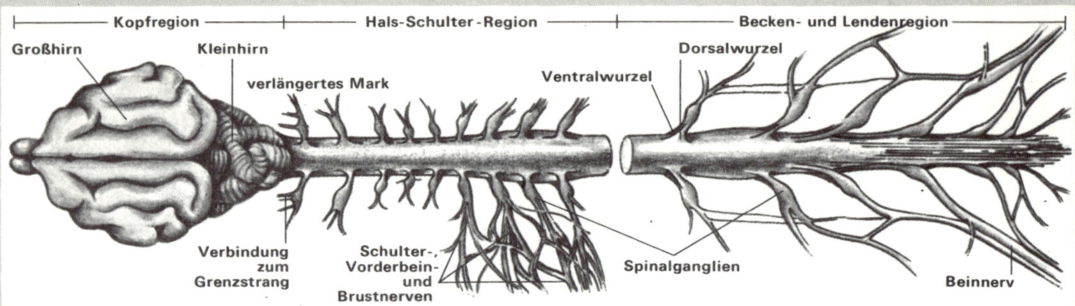

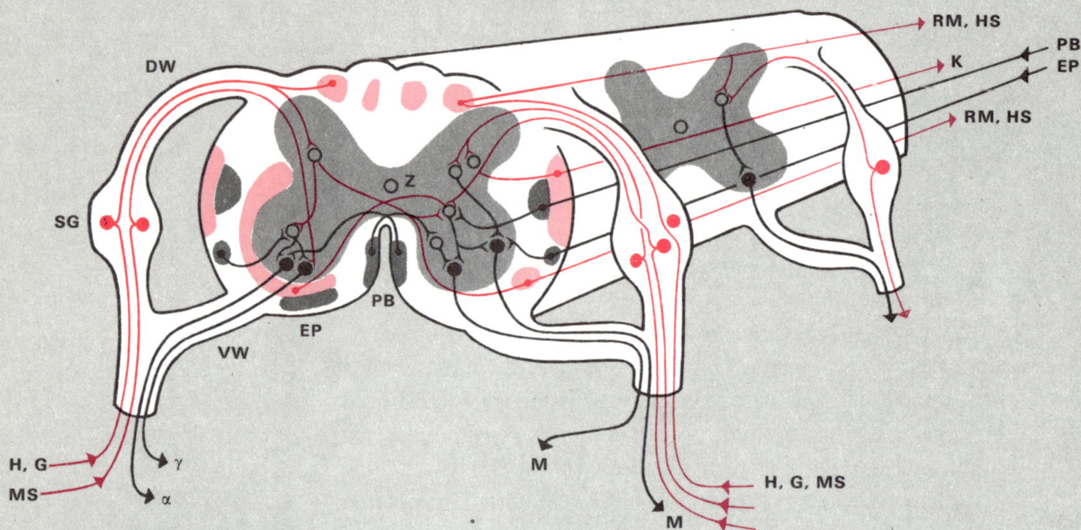

Abschnitt des Rückenmarks eines Wirbeltiers, stark schematisiert. Alle, auch die einseitig eingezeichneten Zellen und Verbindungen sind beidseitig zu denken.

DW	=	Dorsalwurzel
EP	=	extrapyramidales System
G	=	Gelenke
H	=	Haut
HS	=	Hirnstamm
K	=	Kleinhirn
M	=	Muskeln
MS	=	Muskelspindeln
PB	=	Pyramidenbahn (nur bei Säugern)
RM	=	Rückenmark (andere Abschnitte)
SG	=	Spinalganglion
VW	=	Ventralwurzel
Z	=	Zentralkanal
α	=	α-Motoneuron
γ	=	γ-Motoneuron

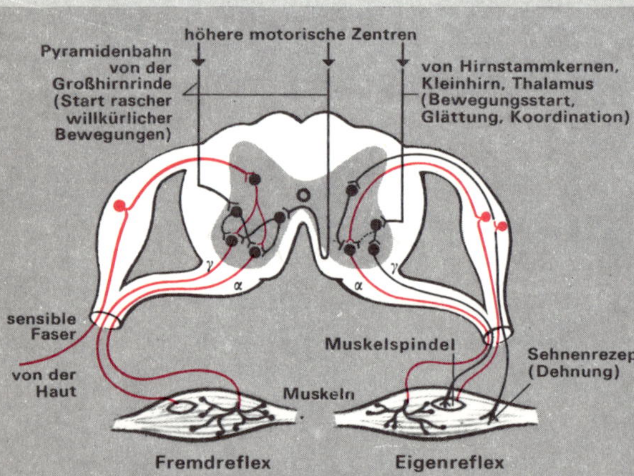

In dem weitgehend unter der Kontrolle höherer Zentren stehenden Rückenmark gibt es »autonome«, fest verschaltete Funktionskreise, in denen Motoneurone in festgelegter Weise durch Eingangsreize aus dem gleichen Muskel (Muskelspindel, *Eigenreflex*) oder aus anderen Muskeln bzw. von Hautrezeptoren *(Fremdreflex)* zur Erregung gebracht werden.

Abb. unten zeigt in schematischer Darstellung die Vorgänge beim *gekreuzten Streckreflex*. Bei einem Schmerzreiz im linken Fuß (z. B. durch Auftreten auf einen spitzen Stein) wird das linke Bein durch Aktivierung der Beugemuskeln (über die α und γ-Motoneurone) und Hemmung der Streckmuskeln reflexartig angehoben. Da das Körpergewicht dabei auf das rechte Bein verlagert wird, müssen gleichzeitig die Streckmuskeln des rechten Beins aktiviert, die Beugemuskeln hingegen gehemmt werden.

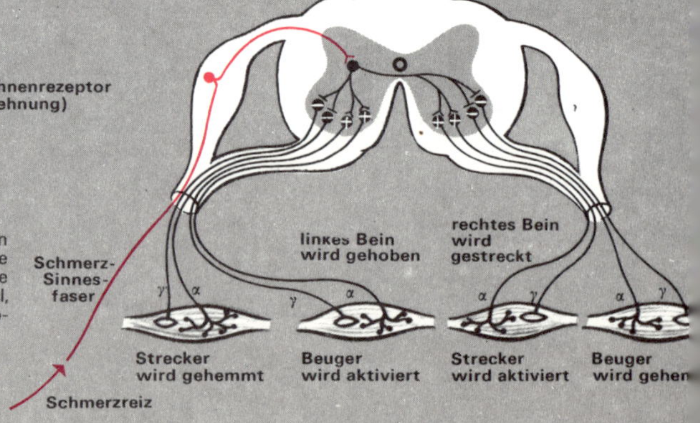

grauen Substanz liegen die *Motoneurone* für die Steuerung der Skelettmuskeln (der somato-motorische Anteil), etwas dorsal davon die Steuerneurone für Eingeweidemuskeln und Drüsen (der vegetativ-motorische Anteil). Die Axone dieser vom Zentrum wegführenden, efferenten Neurone verlassen als gemeinsame Vorderhornwurzeln segmentweise, d. h. nach Körperabschnitten geordnet, das Rückenmark ventralwärts. Dorsal treten die Fasern der Spinalganglienzellen in das Rükkenmark ein. Die Ganglienzellen selbst liegen außerhalb des Rückenmarks in den ebenfalls segmentweise angeordneten, von Bindegewebe umhüllten *Spinalganglien.* Ihre peripheren Ausläufer leiten als zuführende, afferente Fasern die Meldungen der Sinnesorgane in der Haut, den Muskeln, Gelenken und Eingeweiden zum Rückenmark. Afferente und efferente Fasern bilden gemeinsam die *peripheren Nerven* zu den entsprechenden Körperteilen. Die in das Rückenmark eintretenden afferenten Fasern verzweigen sich. Ihre Meldungen laufen einmal direkt über aufsteigende Äste bzw. über Schaltneurone in das Kleinhirn, den Hirnstamm, den Thalamus und das Großhirn; zum anderen werden sie durch Schaltneurone über mehrere Segmente des Rückenmarks verteilt oder direkt den Motoneuronen des gleichen Segments zugeleitet. In der grauen Substanz liegen zahlreiche *Schaltneurone,* welche zwischen ein- und auslaufenden Meldungen vermitteln, afferente Meldungen zum Gehirn leiten und efferente Meldungen aus dem Gehirn aufnehmen. Über Bahnen aus dem Pyramidensystem und dem extrapyramidalen motorischen System gelangen Meldungen zu den Motoneuronen.

Vgl. Abb. Seite 34

Vgl. Seite 51

Viele Faserzüge der afferenten und efferenten Bahnen *kreuzen* in ihrem Verlauf ganz oder zum Teil von einer Körperseite auf die andere, so z. B. die Sinnesbahnen oder die Pyramidenbahn. Dementsprechend kommt es bei Ausfall von motorischen Zentren der rechten Hirnhälfte zu Lähmungen auf der linken Körperseite. Alle Hirn- und Rückenmarksstrukturen sind paarig angelegt; zwischen beiden Hälften bestehen viele Querverbindungen, über welche die Nervenaktivität beider Körperseiten eng koordiniert wird. Das Rückenmark enthält die wichtigsten mehr oder weniger fest verschalteten Funktionsbausteine für die Steuerung der Tätigkeit von Skelettmuskeln und z. T. Eingeweiden. Bei höheren Wirbeltieren, besonders bei Säugern, nimmt die Eigenständigkeit dieser lokalen Mechanismen ab; sie werden mehr

Vgl. Seite 49

und mehr höheren Zentren untergeordnet. Im Prinzip handelt es sich um halbautonome Servomechanismen, welche vom Gehirn angesteuert und in verschiedenen Kombinationen zu verschiedenen Funktionen zusammengeschaltet werden. Auch beim Menschen mit seiner besonders weitgehenden Zentralisation des Nervensystems arbeiten solche Mechanismen. Ein Mensch könnte weder stehen noch gehen, wenn die Tätigkeit jedes Muskels im Detail direkt und stets von den höchsten Zentren in der Großhirnrinde gesteuert werden müßte. Wichtig ist nur, daß diese Großhirnrinde die richtigen Zusammenhänge herstellt und koordiniert und daß sie die Möglichkeit hat, „bewußt“ einzelne Muskeln einzusetzen.

Zu den Servomechanismen gehören die sog. *Reflexe,* z.B. diejenigen zur Steuerung der Skelettmuskulatur. Als Reflexe bezeichnet man gewöhnlich festgelegte Reaktionen auf bestimmte Reize, welche ohne direkte Einschaltung höherer Zentren stereotyp stets nach dem gleichen Muster ablaufen. Ein einfaches Beispiel ist der Kniesehnenreflex: Schlägt man mit der Handkante auf die Patellarsehne unterhalb der Kniescheibe, so bewegt sich der Unterschenkel einmal kurz ruckartig nach vorne. Andere Reflexe schließen eine komplizierte Zusammenarbeit vieler Nerven- und Muskelgruppen ein, z.B. Atemreflexe, Schluckreflexe usw.

Man hat noch bis vor kurzer Zeit Tiere, besonders Wirbellose und niedere Wirbeltiere, als Reflexmaschinen bezeichnet, deren Verhalten starr von Außenreizen und angeborenen Instinkten angetrieben wird. Mittlerweile ist man von dieser Vorstellung abgerückt, da man Tiere als sich elastisch den äußeren und inneren Gegebenheiten anpassende, auch spontan handelnde Organismen erkannt hat, die Lernfähigkeit besitzen.

Eigenreflexe

Vgl. Abb. Seite 34

Die einfachsten Reflexe, wie der Kniesehnenreflex, sind *Eigenreflexe.* An ihrem Ablauf sind beteiligt 1. die *α-Motoneurone,* über deren Axone der Muskel innerviert wird, und 2. die zum selben Muskel gehörigen *Muskelspindeln* (Sinnesorgane zur Messung der Muskellänge). Muskelspindeln sind umgewandelte „langsame“ Muskelfasern im Muskel, die außer kontraktilen Myofibrillen eine dehnungsempfindliche Region enthalten, welche durch afferente Fasern von Spinalganglienzellen innerviert ist. Bei Dehnung des Muskels (Schlag gegen die Sehne) werden die Rezeptoren und die entsprechenden afferenten Fasern aktiviert. Deren Erregung gelangt über den zentralen Ast der Ganglienzelle in das Rükkenmark und beeinflußt über Synapsen die α-Motoneurone des gleichen Muskels; daher der Name Eigenreflex. Daraufhin aktivieren die Motoneurone die Muskelfasern, der Muskel kontrahiert sich und entlastet die Spindel. Diese wird weniger erregt, und damit geht auch die Anregung der Motoneurone zurück. Die ganze Einrichtung dient als *Regelkreis* zur *Stabilisierung* der *Muskellänge* gegen Außeneinflüsse und damit zur Aufrechterhaltung einer bestimmten Stellung des Körpers oder der Gliedmaßen. Wird z.B. der Streckermuskel eines Beins durch Verlagerung des Körpergewichts (Kippen, Stolpern) gedehnt, so kontrahiert er sich „automatisch" und fängt damit die ungewollte Lageänderung teilweise auf. Soll der Muskel aber nachgeben, z.B. bei einem aktiven Beugen des Beins, dann muß vorher das Kontrollorgan, die Muskelspindel, auf den zu erwartenden Dehnungswert eingestellt werden. Dies geschieht durch die γ-Motoneurone, deren Aktivität den Kontraktionszustand der Muskelfasern in der Spindel und damit den Dehnungsbereich des Spindelrezeptors steuert.

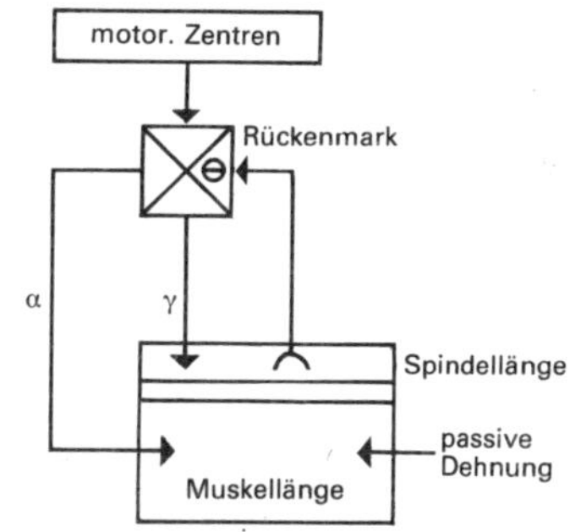

Regelkreis zur Einstellung der Muskellänge. Aus den motorischen Zentren wird eine Sollänge vorgegeben (Einstellung der Muskelspindel über γ-Fasern). Die Längenänderung wird über die Muskelspindel gemeldet, die α-Motoneurone kompensieren die Längenänderung durch Gegensteuern (negatives Vorzeichen am Regler: Rückenmark). (Nach verschiedenen Autoren)

Fremdreflexe

Reflexartig verlaufen auch die ersten Reaktionen auf bestimmte Reize, etwa das ruckartige Wegziehen der Hand bei Berührung eines heißen Gegenstands oder das Hochziehen des Beins beim Auftreten auf einen spitzen Stein. Man bezeichnet diese Reflexe als *Fremdreflexe.* Die Rezeptorerregung wirkt dabei über Zwischenneurone erregend auf die α- und γ-Motoneurone, z.B. der Beugemuskeln des Arms oder Beins. Je nach Reizstärke und Höhe der Erregung in den afferenten Fasern breitet sich die Erregung mehr oder weniger weit im Rückenmark aus. Bei einem leichten Stich in den Finger wird nur der Finger oder die eine Hand bewegt, es sind nur wenige Muskeln aktiviert worden. Bei starkem Schmerz wird der ganze Arm zurückgezogen; es sind sehr viel mehr Muskeln und diese zudem in stärkerem Maße aktiviert worden. So findet bei stärkerem Reiz zunehmend *Bahnung* in immer mehr Neuronenkreise statt. Außerdem sind die Reaktionen *abgestuft,* der Reizstärke angepaßt und nicht so stereotyp wie beim Eigenreflex. Gleichzeitig mit der Aktivierung der Beugemuskeln erfolgt eine *Hemmung* der Motoneurone für die *Antagonisten,* die Streckmuskeln auf der gleichen Körperseite. Ebenso werden auf der anderen Körperseite die Beuger gehemmt und die Strecker aktiviert: Wird das linke Bein weggezogen, so trägt das rechte die Körperlast allein; deshalb müssen seine Streckermuskeln aktiviert

Vgl. Seite 25

werden. Es wird hier bereits eine *Koordination* verschiedener Abschnitte des Nervensystems auf unterer Ebene sichtbar. Durch solche Schaltkreise werden (auch bei Vierfüßern) die Bewegungen der einzelnen Gliedmaßen beim Laufen miteinander koordiniert. Die Reflexkreise des Rückenmarks stehen unter dem ordnenden Einfluß höherer Zentren im pyramidalen und extrapyramidalen System, von denen aus auch der allgemeine Grundspannungszustand der Muskeln, der *Tonus*, und die Erregbarkeit der Reflexsysteme gesteuert werden.

Vgl. Abb. Seite 39

DAS GEHIRN. Ist bei primitiven Wirbeltieren das Rückenmark noch weitgehend autonom bei der Steuerung vieler Körpertätigkeiten, so nimmt bei vielen Fischen, Lurchen und Kriechtieren, besonders aber bei Vögeln und Säugern, der Einfluß höherer Zentren stark zu. Die Zahl der Verbindungen steigt an, die Auswertung von Sinnesreizen erreicht immer höhere Vollkommenheit, Kopien von Ein- und Ausgängen gelangen in immer mehr Hirnteile und werden dementsprechend mit Daten aus mehr Zentren integriert. Komplizierte Regelkreise ermöglichen bessere Beherrschung von Bewegungen und vegetativen Vorgängen. So werden mit zunehmender Organisationshöhe immer mehr Hirnzentren entwickelt und ausgebaut. Vielfach treten die Zellkörper von Neuronen gleicher oder verwandter Funktion zu *Kernen* (Schaltzentren) zusammen, kleineren Untereinheiten der Integration, zwischen denen schnelleitende Bahnen verlaufen. Dazu rücken im Klein- und Großhirn ganze Gruppen von Zellkörpern aus der Tiefe an die Hirnoberfläche und bilden *Rinden*, d.h. mehrschichtige dicke Lagen von Neuronen und deren Verbindungen; man findet hier, im Gegensatz zum Rückenmark, zuäußerst eine Schicht grauer Substanz. Die Rinden können durch *Auffaltung* vergrößert werden und das ganze übrige Hirn überwachsen, wie das z.B. bei der Großhirnrinde *(Cortex cerebri)* der höheren Säugetiere der Fall ist. Die Zahl der schließlich verwirklichten Verbindungs- und Auswertmöglichkeiten übersteigt unser Vorstellungsvermögen, wenn man bedenkt, daß jedes der über 10 Milliarden Neurone eines Menschen wiederum Verbindungen mit Tausenden von anderen Neuronen aufnehmen kann.

Der Hirnstamm

Die sich dem Rückenmark nach vorne anschließenden Hirnabschnitte sind verlängertes Mark *(Medulla oblongata)*, das Nachhirn *(Metencephalon)* und das Mittelhirn *(Mesencephalon)*. Zusammengefaßt bezeichnet man diese drei Abschnitte

Das Gehirn ist die Steuerzentrale und oberste Koordinationsstelle des Nervensystems der Wirbeltiere. Es entsteht im Verlauf der Embryonalentwicklung zusammen mit dem Rückenmark aus einem gemeinsamen Nervenstrang, aus dessen vorderer Höhlung drei Hirnbläschen auswachsen. Zwei von diesen teilen sich in einem späteren Stadium, so daß im ausdifferenzierten Gehirn fünf Teile unterschieden werden können: das Vorderhirn (Großhirn), Zwischenhirn, Mittelhirn, Kleinhirn und das verlängerte Mark.

Abb. rechts zeigt das Gehirn eines *Menschen* im Schnitt (Seitenansicht). Auffallend im Vergleich zum Gehirn eines *Frosches* (unten) ist u. a. die durch Auffaltung stark vergrößerte *Großhirnrinde*. Das *verlängerte Mark*, die Schalt- und Durchgangsstelle für alle zwischen Gehirn und Rückenmark verlaufenden Nervenbahnen, ist u. a. Sitz wichtiger Reflexzentren. Das *Kleinhirn* ist Zentrum für die Koordination von Bewegungen und die Gleichgewichtserhaltung. Wichtige Elemente des *Zwischenhirns* sind die *Hypophyse* und die *Epiphyse*.

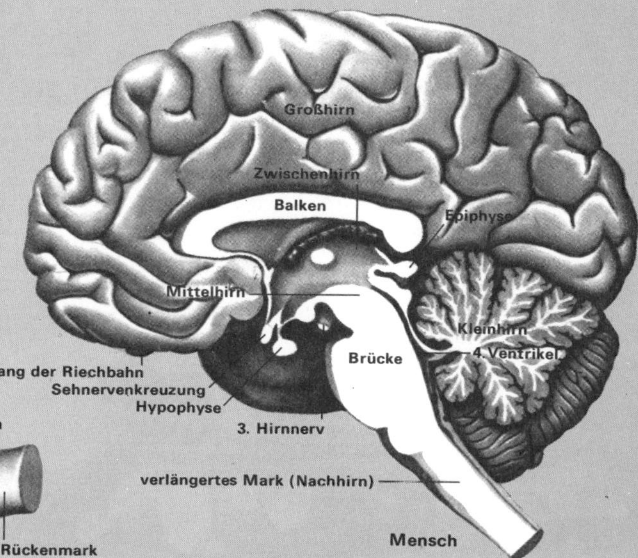

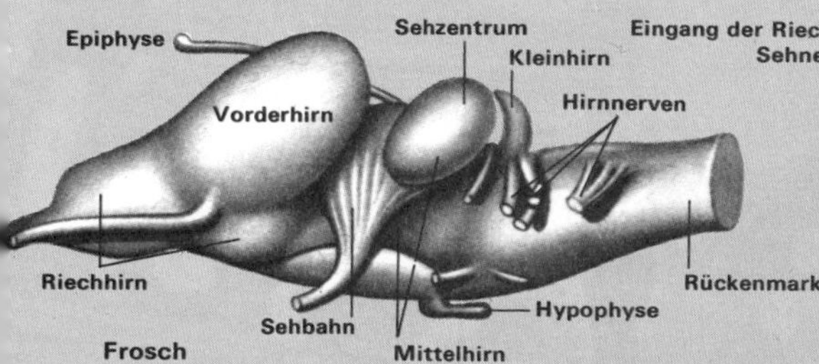

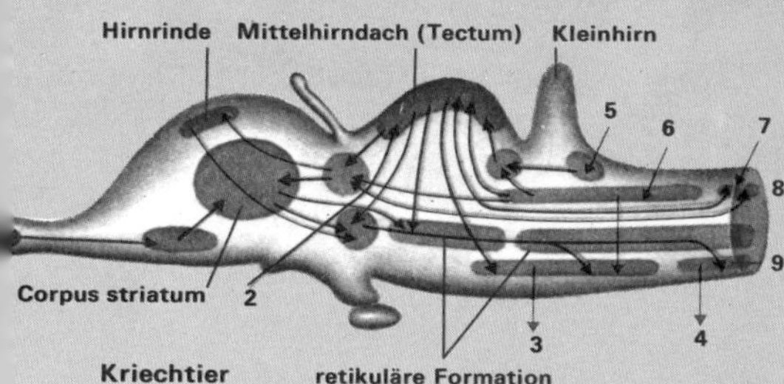

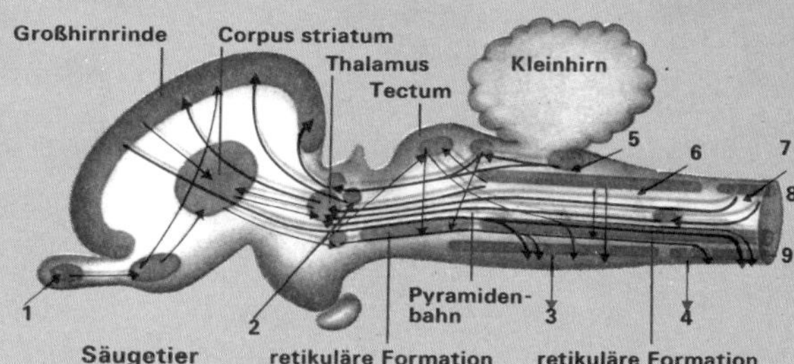

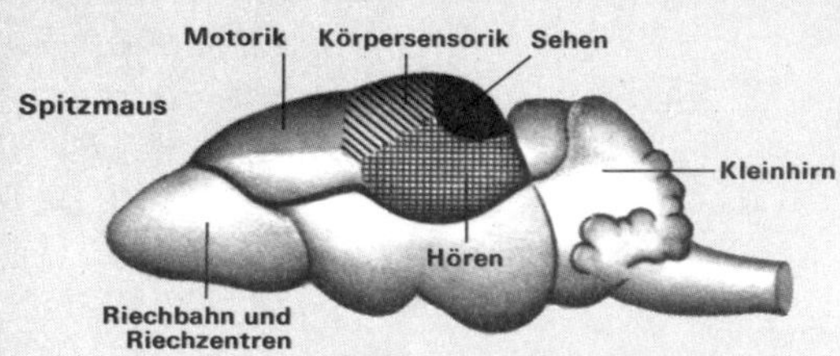

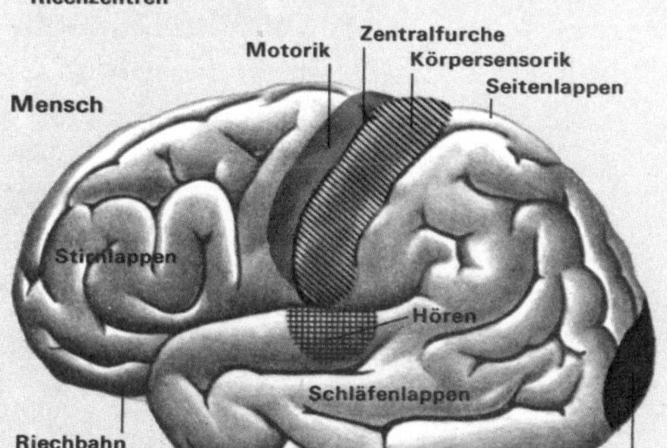

Die »Schaltbilder« von wichtigen Verbindungen in den Gehirnen eines Kriechtieres (oben links) und eines Säugetieres (oben rechts) zeigen die Bedeutung der verschiedenen Hirnregionen. Beim *Kriechtier* spielt das *Mittelhirndach (Tectum)* eine beherrschende Rolle; das *Corpus striatum* ist ein wichtiges Koordinationszentrum. Die Hirnrinde ist noch klein und von geringerer Bedeutung.
Beim *Säugetier* hingegen spielt die *Großhirnrinde* eine entscheidende Rolle als Endpunkt der großen Sinnesbahnen und Ausgangspunkt der motorischen Bahnen. Großhirnrinde, Thalamus und Corpus striatum sind durch vielfache Verbindungen miteinander verknüpft. Die *retikuläre Formation* ist Zwischenstation zahlreicher sensorischer und motorischer Bahnen. Die Kleinhirnverbindungen sind nicht dargestellt. Die bezifferten Pfeile zeigen die Lage und Richtung wichtiger Verbindungsbahnen an: 1: von der Nase; 2: vom Auge; 3: zu den Kopfmuskeln; 4: zur Körpermuskulatur; 5: vom Ohr; 6, 7: von Haut und Muskeln des Kopfes (6) bzw. des Körpers (7); 8: sensorische und 9: motorische Anteile. Abb. links zeigt in schematischer Darstellung die Gehirne einer *Spitzmaus* und eines *Menschen*. Bei der Spitzmaus beanspruchen die sensorischen und motorischen Areale einen relativ großen Teil der Hirnrinde (stark umrandet). Beim Menschen überdeckt die durch Auffaltung stark vergrößerte Großhirnrinde vollständig das übrige Gehirn. Den größten Raum nehmen die (nicht markierten) *Assoziationsfelder* ein.

als Hirnstamm. Er zeigt im Grundaufbau gewisse Ähnlichkeit mit dem Rückenmark: Auf jeder Körperseite entspringt eine Reihe von sensorischen und motorischen *Hirnnerven.* Ihre Anordnung entspricht den einzelnen *Kopfabschnitten,* die zum Teil bei stammesgeschichtlich älteren Wirbeltieren wie Neunaugen und Haien als Kiemenspaltenregionen zu erkennen sind. Im Mittelhirnabschnitt sind es die motorischen Nerven der Augenmuskeln (3., 4. und 6. Nerv); mit ihnen ziehen auch vegetativ-motorische Fasern zum Ciliarganglion, welches die Einstellmuskeln von Augenlinse und -pupille innerviert. Diese Nerven kann man mit den somatischen und
Vgl. Seite 35
vegetativen motorischen Nerven des Rückenmarks vergleichen, sensorische Wurzeln fehlen hier. Die ursprünglichen Kiemenspaltensegmente werden hauptsächlich von Nerv Nr. 5 *(Nervus trigeminus),* Nr. 7 *(N. facialis),* Nr. 9 *(N. glossopharyngeus)* und Nr. 10 *(N. vagus)* versorgt. Die Anordnung und die Funktion der Nerven haben sich im Laufe der Stammesgeschichte je nach Funktionswechsel der innervierten
Vgl. Abb. Seite 41
Gebiete zum Teil geändert. Die *efferenten Anteile* der Hirnnerven versorgen die Gesichts- und Kopfmuskulatur, die Muskulatur des oberen Verdauungstrakts, dazu Speichel- und Tränendrüsen. Die *afferenten Anteile* führen aus der ganzen Kopfregion (Haut, Schleimhäute, Zunge) Sinnesmeldungen zum Stammhirn. Dem Nervus vagus entstammt ein Teil des *vegetativen Nervensystems.* Eine wichtige Rolle spielt der Hirnstamm auch als Eingangs- und Umschaltstation der Sinnesbahnen aus dem Ohr und den Gleichgewichts-
Vgl. Seite 51
sinnesorganen im Labyrinth und in den Seitenlinien.

Ähnlich wie das Rückenmark ist auch der Hirnstamm Schaltregion wichtiger *Reflexe.* Hier sind es bevorzugt Schutzreflexe, Kreislaufreflexe, Reflexe im Dienste der Nahrungsaufnahme und -verdauung, Körperstellungs- und -lagereflexe sowie Reflexe für die optische Orientierung. Ein Beispiel für einen *Schutzreflex* ist der Hustenreflex: Gerät ein Fremdkörper in die Atemwege, so wird dies von sensiblen Fasern des Nervus vagus aus der Schleimhaut von Luftröhre und Kehlkopf gemeldet. „Kitzelnde", leichte, einzeln für sich unterschwellige Reize können sich in ihrer Wirkung summieren und zum Husten führen. Von motorischen Zentren des Hirnstamms wird die Atemmuskulatur im Brustkorb und Hals zum tiefen Einatmen aktiviert, der Kehlkopfdeckel wird verschlossen. Beim Ausatmen wird der Kehlkopfdeckel aufgesprengt, der Fremdkörper mit dem Luftstoß ausgetrieben.

Labyrinthreflexe dienen der Erhaltung der Körperlage im Raum und der Unterstützung der optischen Orientierung. Gerät der Körper eines Tieres z.B. beim Sprung oder Fall aus der Normallage, so melden dies die Schweresinnes- und Drehsinnesorgane im Labyrinth und beeinflussen u.a. auch die Halsmuskeln derart, daß der Kopf stets im Raum justiert bleibt. Dies kann man durch folgenden Versuch zeigen: Hält man eine Katze oder ein Kaninchen mit dem Rumpfende nach unten, so dreht das Tier den Kopf möglichst so, daß die Augen nach vorne gerichtet sind. Der Kopf bleibt möglichst so orientiert, daß die Augen nach vorne sehen. Fällt ein Tier rasch nach unten, werden reflektorisch über die Meldung der Gleichgewichtssinnesorgane die Motoneurone für die Streckermuskeln der Beine aktiviert, welche sich strecken und

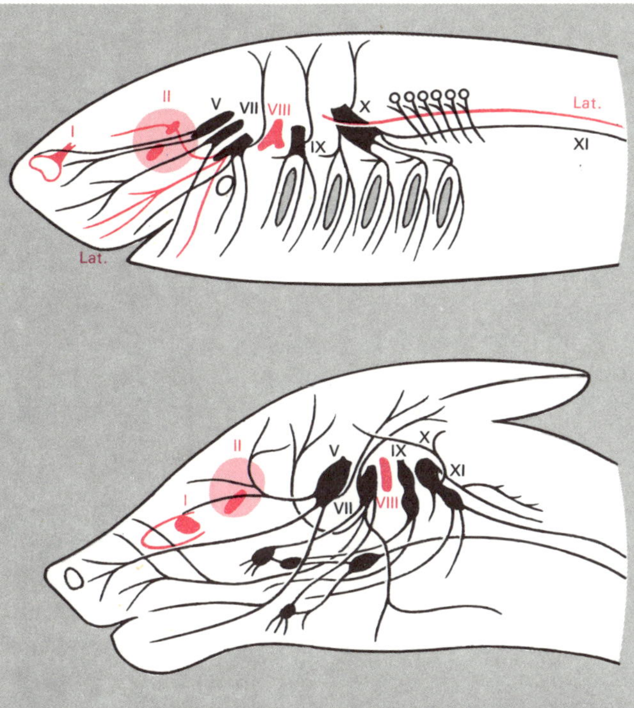

Kopfnerven eines Knorpelfisches (oben) und eines Säugetieres (unten), stark schematisiert. Die Sinnesorgane Nase, Auge, Gleichgewichts- und Hörorgane bzw. ihre Nerven (I, II, VIII) dazu die Seitenlinien-Nerven (Lat.) rot.
Die Branchial- (= Kiemenspalter-)nerven (V, VII, IX, X, XI) enthalten efferente und afferente Fasern (beachte die Bildung der — schwarz dargestellten — Ganglien). Nerv V bildet beim Fisch zwei eigenständige Nerven. Die motorischen Augenmuskelnerven (III, IV, VI) sind nicht eingezeichnet. Beim Fisch sind die ersten Dorsal- und Ventralwurzeln des Rückenmarks angedeutet.
(Nach GIERSBERG u. RIETSCHEL)

den Fall auffangen. Für Autofahrer z. B. sind besonders die Verschaltungen von Gleichgewichtssinnesorganen und Augenmuskeln von Bedeutung. Beim Fahren durch Schlaglöcher wird der Körper ruckartig passiv gegen die Umwelt bewegt. Da die Augen meist auf bestimmte Stellen der Umwelt fixiert sind, würden durch die Bewegung des ganzen Körpers diese Stellen aus dem Gesichtsfeld der Fovea wandern. Die Augenmuskeln werden jedoch von den einlaufenden Meldungen über die veränderte Körperlage zu entsprechenden Kompensationsbewegungen veranlaßt: eine scheinbare Bewegung in der Umwelt wird durch Augenbewegung ausgeglichen. Ähnliches geschieht bei Drehbeschleunigung.

Vgl. Seite 92

Auch das Zusammenspiel zwischen den Augenmuskeln und den Iris- und Linsenmuskeln beim Fokussieren und beidäugigen Fixieren wird über die Hirnstammneurone reguliert.

Vgl. Seite 91

Die retikuläre Formation

Als Fortsetzung der grauen Substanz des Rückenmarks enthält der Hirnstamm bis in die Thalamusregion hinein ein langgestrecktes Gebiet eng miteinander vernetzter Neurone mit reich verzweigten Fortsätzen, die retikuläre Formation. Bei niederen Wirbeltieren versieht sie die Aufgabe motorischer und sensorischer Zentren, bei Fischen liegen hier die *Mauthnerschen Riesenneurone*, bei elektrischen Fischen die Zentren zur Steuerung der elektrischen Organe. Bei höheren Wirbeltieren ist die retikuläre Formation Durchgangs- und Verarbeitungsstation für Sinnesreize; sie enthält überdies einige wichtige Kerne des extrapyramidalen Systems. Im Bereich der retikulären Formation liegen auch Zentren für die Regulation vegetativer Funktionen. Zwei Neurongruppen sind für die *Atmung* zuständig, sie kontrollieren die Tätigkeit der Atemmuskeln in Bauch, Brust, Zwerchfell, Hals und Kehlkopf. Sinnesfasern von Hirn- und Rückenmarksnerven leiten die Meldungen der Rezeptoren für Blutdruck, Sauerstoff- und Kohlendioxidpartialdruck sowie den Dehnungszustand der Lunge und der Atemmuskeln zu diesen Zentren. Eine Gruppe der Steuerneurone aktiviert die Ausatmung, eine andere Gruppe die Einatmung. Beide Gruppen sind rhythmisch tätig und wechseln sich in Aktivität und Ruhe ab. In einem dem Sympathikussystem zugehörigen Gebiet der retikulären Formation liegen Regulationszentren für *Herzschlag* und Durchflußregulation in den *Blutgefäßen*.

Vgl. Seite 50

Vgl. Seite 49

Eine zentrale Rolle spielt die retikuläre Formation als Reguliersystem der Grundaktivität anderer Gehirnregionen. Zwei wiederum antagonistisch und alternierend arbeitende Zellgruppen regulieren Schlaf- und Wachzustand und damit zusammenhängend die Grunderregung in den Reflexkreisen. Der Zugang von Nachrichten zum Endhirn unterliegt ebenfalls einer Kontrolle der retikulären Formation, wodurch auch die Funktionen z. B. der Assoziationszentren der Großhirnrinde betroffen sind. Ein Sinnesreiz erreicht die Assoziationsfelder erst dann, wenn die retikuläre Formation mitaktiviert wird und als „Wecker" für das Großhirn wirkt. Wahrscheinlich ist es einer solchen Filterwirkung zuzuschreiben, daß permanent einlaufende Umweltreize, wie etwa das Hintergrundgeräusch des Straßenverkehrs oder der Lärm einer Fabrikhalle, nach einer Weile nicht mehr in das Bewußtsein dringen: Die retikuläre Formation hat das betreffende Großhirngebiet unansprechbar gemacht. Plötzlich neuauftauchende Sinnesreize, wie der Ton einer Sirene in der Fabrikhalle, können jedoch sofort ins Bewußtsein dringen. Damit spielt die Retikularformation für das Aufmerken, Sichhinwenden und die Handlungsbereitschaft eine große Rolle. Aus dieser umfassenden Bedeutung der retikulären Formation für viele Hirnfunktionen ist wohl auch der beruhigende bzw. stimulierende Effekt verschiedener Drogen und Narkotika zu erklären, durch welche die Neurone dieses Hirngebietes beeinflußt werden.

Das Kleinhirn

Vgl. Abb. Seite 48

Das Kleinhirn (Cerebellum), eine dorsale Ausstülpung des Hirnstammdachs, spielt eine besondere Rolle als Vermittler zwischen Sinnesreizen und der Steuerung der Motorik. Es erhält einerseits Eingänge von den Rezeptoren des Labyrinths, der Haut, der Gelenke und der Muskeln, andererseits steht es in Verbindung mit den extrapyramidalen motorischen Systemen und, über eine spezielle Bahn, direkt mit dem Endhirn. Es paßt die Bewegungen an die jeweilige Körperlage, Gelenkstellung und Muskelspannung an und sorgt dadurch für sinnvolle Durchführung und glatten Ablauf der Bewegungen. Entsprechend hoch differenziert ist das Kleinhirn bei geschickten Schwimmern, Fliegern und Springern, auch bei Säugetieren mit aufrechtem Gang. Trotz seiner vielfältigen Verbindungen ist das Kleinhirn doch so übersichtlich organisiert, daß in neuester Zeit durch Zusammenarbeit von Morphologen und Physiologen ein Schaltbild seiner wichtigsten Verbindungen entstehen konnte.

Das Mittelhirn

Im vordersten Teil des Hirnstamms, dem Mittelhirn (Mesencephalon), liegt bei Fischen, Lurchen, vielen Reptilien und auch Vögeln ein übergeordnetes *Auswertzentrum* für die Sinnesreize und ein *Steuerzentrum* für die Motorik (das Mittelhirndach). Hier enden die Sehnerven; die Riechbahn ist über Relaisstationen im Thalamus ebenfalls dorthin verbunden, über die Kerngebiete des übrigen Hirnstamms laufen auch die Meldungen der anderen Sinnesbahnen in dieses Gebiet; direkte motorische Bahnen ziehen von hier zum Rückenmark. Damit wird das Mittelhirn bei Lurchen und Kriechtieren zum *dominierenden* übergeordneten *Hirnzentrum.* Bei einigen Vögeln, besonders aber bei Säugetieren, ist das Mittelhirn nur noch Durchgangs- bzw. Schaltstation der Sinnesbahnen und Schaltstation für einige Reflexe (z. B. Augenmuskelreflexe).

Vgl. Seite 42

Das Zwischenhirn

Die vordersten Abschnitte des Gehirns, Zwischenhirn (Diencephalon) und Endhirn, zeigen in ihrem Bau kaum noch Ähnlichkeit mit dem Rückenmark oder dem Hirnstamm. Sie haben sich im Laufe der Stammesgeschichte besonders stark verändert.

Die *Thalamusgebiete* des Zwischenhirns liegen um den dritten Hirnventrikel. Den Boden des Ventrikels bildet der *Hypothalamus,* ein übergeordnetes vegetatives Nervenzentrum. Das Dach ist dünn und an einigen Stellen zu Stielen ausgestülpt, die bei manchen Wirbeltiergruppen in verschiedener Weise zu Lichtsinnesorganen („Stirnaugen") oder endokrinen Organen (u. a. Epiphyse) ausgebildet sind. In den Seitenwänden liegen die Schaltstationen der Sinnesbahnen zu den Endhirnzentren im Corpus striatum (bei Vögeln und Kriechtieren) und der Großhirnrinde (bei den Säugetieren). Besonders bei Säugetieren mit hochentwickelter Großhirnrinde gelten diese Gebiete als „Kanzlei des Großhirns": Zum einen werden hier die *Sinnesnachrichten* aufbereitet, sortiert und den speziell zuständigen Rindenbereichen geordnet zugeleitet, zum anderen laufen Verbindungen vom *Kleinhirn* und von *Hirnstammgebieten* zum Cortex über den Thalamus; außerdem bestehen hin- und rücklaufende Verbindungen zwischen Thalamus und den *Assoziationszentren* des *Cortex,* über welche die dort ablaufenden Vorgänge zum Thalamus zurückgemeldet, umgeschaltet, mit Informationen aus den Sinnesbahnen und anderen Cortexfeldern integriert und wieder zum Cortex zurückgemeldet werden. Empfindungen und Wahrnehmungen beim Menschen scheinen über solche Funktionskreise zustande zu kommen. Wahrscheinlich liegt auch an diesen Verbindungen ein Angriffspunkt des „unspezifischen“ retikulären Systems auf die generelle Aktivität höherer Hirnzentren.

Vgl. Seite 42

Das Endhirn

Das Endhirn (Telencephalon) ist bei primitiven Wirbeltieren ein relativ kleines Zentrum am Vorderende des Gehirns mit besonders vielen Verbindungen und Kernen der Riechbahn. Im Laufe der Stammesgeschichte hat es sich jedoch als *Großhirn* zum dominierenden Zentrum des gesamten Nervensystems und zum Sitz der sog. höheren Hirnfunktionen entwikkelt. Der ursprüngliche „Riechanteil“ findet sich bei höherentwickelten Wirbeltieren nur noch als Riechlappen an der Unterseite des Großhirns. Bei einigen Kriechtieren und den Vögeln sind hauptsächlich die *Basalganglien* im Inneren des Endhirns (als *Corpus striatum*) zum beherrschenden Zentrum geworden, in dem die Sinnesmeldungen und Informationen aus dem übrigen Gehirn mit den Efferenzen zu anderen Zentren und zur Körpermotorik integriert werden. Damit übernimmt das Endhirn teilweise die Rolle des Mittelhirns (s. o.).

Bei gewissen Kriechtieren deutet sich jedoch schon eine Entwicklung zu den Säugetieren dadurch an, daß ein kleiner Teil der grauen Substanz (Zellkörper und Kurzwegverbindungen) als Großhirnrinde *(Cortex cerebri)* außen, dicht unter der Oberfläche liegt. Bei Säugetieren nimmt diese Rinde gewaltig an Größe zu und faltet sich stark auf, stammesgeschichtlich ältere Teile des Endhirns wie die Riechlappen und das limbische System (s. u.) werden überwachsen. Bei höheren Affen und beim Menschen überdeckt die Rinde das ganze übrige Gehirn.

Vgl. Abb. Seite 39

Im Gehirn vieler Säugetiere wird der größere Anteil der Rinde von den Enden der *Sinnesbahnen* und von den Ursprungsregionen der *motorischen Bahnen* eingenommen. Bei höherentwickelten Säugetieren entstehen daneben weite *Assoziationsfelder,* die beim Menschen den größten Raum einnehmen. In den Assoziationsfeldern werden die einlaufenden Informationen aus den Sinnesbahnen zusammengesetzt und ausgewertet; es entsteht das, was man Wahrnehmungen, Verständnis und Erkennen der Umwelt nennt. Bestimmte optische Muster werden als Buchstaben erkannt und zu Worten und Sätzen, Zusammenhängen und Bedeutungen synthetisiert und interpretiert. Tongemische werden als Laute, Sprache oder Musik verstanden. Zudem werden auch die Eingänge aus verschiedenen Sinnesbahnen miteinander verglichen wie z. B. für die kombinierte optische und propriorezeptive Kontrolle von Handbewegungen. Auf der Seite der Efferenz dienen die Ursprungszellen der motorischen Bahnen dem Ansteuern der motorischen Zentren und der Servomechanismen auf niederem Niveau. Die sinnvolle Koordination und Programmierung der motorischen Zentren z.B. für die Muskeln der Lippen, der Zunge, des Kehlkopfes und des Brustkorbs beim Sprechen erfolgt in Assoziationszentren.

Vgl. Seite 49

Gemeinsam mit dem Thalamus und tiefer gelegenen Schichten des Großhirns ist der Cortex der Sitz derjenigen Hirnfunktionen, in denen sich beim Menschen Vorausplanung, Initiative, Lernfähigkeit und Einsicht in Zusammenhänge ausdrücken. Unter Einbezug affektiver Einflüsse vor allem aus dem limbischen System (s. u.) entsteht das, was man unter dem Begriff *Persönlichkeitsstruktur* versteht. Solche Funktionszusammenhänge entziehen sich weitgehend unserer neurophysiologischen Beobachtung; sie können nur aufgrund von Ausfallserscheinungen (Unfall, Krankheit) in den genannten Regionen des menschlichen Gehirns lokalisiert werden. Bei Affen und anderen Säugetieren ist es gelungen, durch Ausschaltung und elektrophysiologische Experimente die Funktion solcher Hirnregionen im groben Rahmen zu erfassen.

Das limbische System

Als limbisches System wird eine Region tieferer Schichten des Endhirns von Säugetieren bezeichnet, die viele Verbindungen zu vegetativen Zentren, aber auch zu Sinnesbahnen, besonders zum olfaktorischen System, dazu dem Thalamus und den äußeren Großhirnfeldern besitzt. Verletzungen des limbischen Systems und der darüberliegenden Cortexschichten, besonders der Stirnregion, führen beim Menschen zu starken Veränderungen im Gesamtverhalten und der Persönlichkeitsstruktur. Daneben ist ein starker Einfluß des limbischen Systems auf die *affektiven Komponenten* des Verhaltens (Emotion, Motivation, z.B. auch Aggressivität) nachweisbar. Dies beruht wahrscheinlich darauf, daß sowohl sensorische als auch motorische Informationen aus somatischen und vegetativen Bereichen im limbischen System zusammenlaufen. Dadurch kommt es zur Integration verschiedener Sinnesnachrichten und Meldungen aus den Bereichen, die für die Nahrungsaufnahme, Verdauung oder für die Geschlechtstätigkeit verantwortlich sind. Die unter solchen Einflüssen ausgelösten Empfindungen sind lust- bzw. unlustbetont, da sie mit erfahrener Befriedigung (z.B. Sättigung) oder Frustration (z.B. Hunger) einhergehen. Man nimmt an, daß auch die Speicherung bestimmter Information im Gedächtnis stark durch die ihnen entgegengebrachte Stimmung beeinflußt wird; die Information erhält eine affektive Komponente. Enge Verbindungen z.B. der Riechbahn zum limbischen System könnten daher eine Erklärung für den erheblichen affektiven Charakter und die starke Gedächtniswirksamkeit von Geruchsempfindungen liefern.

Gedächtnis

Die Arbeitsweise des Gedächtnisses ist zur Zeit physiologisch nicht erklärbar. Man weiß weder, wie eine Speicherung von Information an Neuronen vor sich geht, noch, welche Strukturen (z.B. Synapsen) den zellulären Speicher darstellen. Gedächtnisinhalte werden in weiten Bereichen des Großhirns von Säugetieren gespeichert. Möglicherweise unterstützen und ergänzen verschiedene Regionen einander dabei. Kurzzeitspeicherung findet sich schon bei einfachen Nervenkreisen. Ein isoliertes Thorakalganglion einer Schabe kann „lernen", das entsprechende Bein vor einem elektrischen Schlag durch Hochhalten zu bewahren.

DIE STEUERUNG DER MOTORIK. Bewegungen und Handlungen sind das Resultat der Einwirkung verschiedener Antriebe auf das motorische Nervensystem. *Endogene Antriebe* entstehen z.B. auf Grund eines gewissen Pegels an bestimmten Hormonen (z.B. Sexualhormonen) im Blut, welcher über vegetative Bahnen das Zwischenhirn und das Endhirn beeinflußt. Man kennt auch eine Vielzahl *sensorischer Auslöser,* wie etwa die Kampffarbe eines Rivalen oder die fluchtauslösende Silhouette eines Greifvogels am Himmel. Im Laufe der Höherentwicklung der Tiere ist zunehmend der Einfluß von Planung, Initiative und „Einsicht" zu beobachten. Gewöhnlich ist ein Zusammenspiel aller genannten Mechanismen verantwortlich für die Entstehung von Verhaltensweisen; es sind dann eine ganze Reihe von Gehirnzentren daran beteiligt: Hypothalamus, Sinnesbahnen, Thalamus, sensorische und andere Assoziationszentren sowie das motorische und – nicht zuletzt – das limbische System. Auch Gedächtnisinhalte sind dabei ebenso wichtig wie eingeübte oder angeborene (genetisch fest geknüpfte) Reaktionskreise.
Dazu ein Beispiel: Nahrungssuche wird, grob gesagt, durch Hunger ausgelöst; Meldungen aus dem vegetativen System, etwa über den Blutzuckerspiegel, rufen entsprechende Neuronaktivität im Hypothalamus hervor. Hieraus ergibt

sich die *Strategie* der Handlungsfolge: Auffinden von Nahrung. Die *Taktik*, also die Art der Nahrungssuche und -aufnahme, hängt von vielen Faktoren ab, hauptsächlich von den Umweltbedingungen: Möglichkeiten des Nahrungserwerbs wie günstige Tageszeit, Standort im Jagdrevier, Geruch eines Beutetieres, Anwesenheit von Konkurrenten oder Feinden, Erinnerungen an die Art und Weise, wie man sich früher Futter verschafft hat usw. Hierüber wird das Tier über seine Sinnesbahnen und seine Gedächtnisinhalte informiert. Eine entsprechend große Rolle spielen die sensorischen Auswertezentren im Cortex, die Assoziationszentren. Im motorischen Cortex laufen Informationen aus anderen Cortexgebieten zusammen und werden in ein zeitliches Muster motorischer Kommandos umgesetzt, auf Grund dessen über das Rückenmark die Muskeln aktiviert werden.

Bei Säugetieren findet sich eine direkte Verbindung ohne

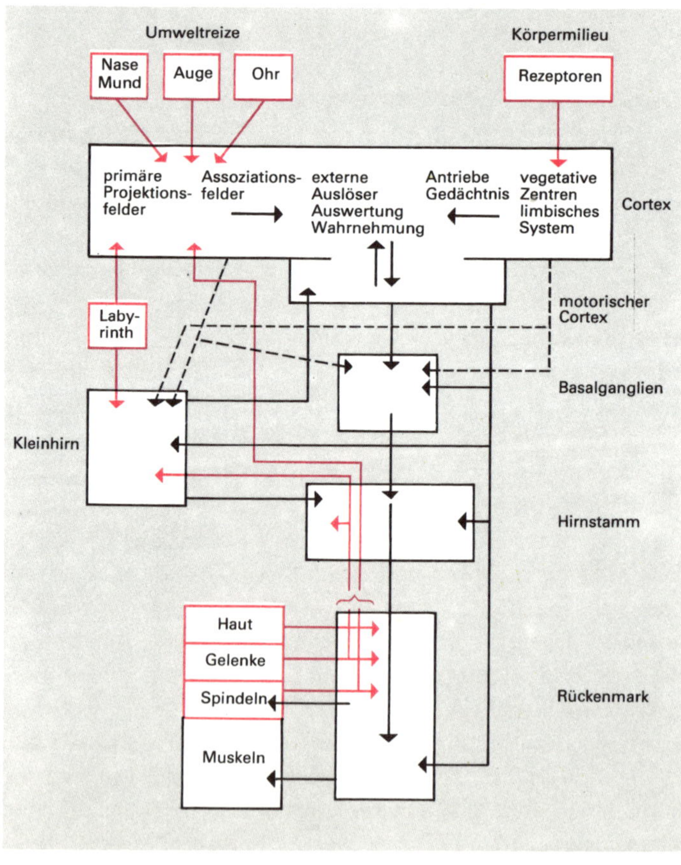

Stark schematisierte Darstellung der Zusammenarbeit verschiedener Zentren des Nervensystems von höheren Säugetieren bei der Steuerung der Motorik. Sinneseingänge rot. (Nach Daten verschiedener Autoren)

Umschaltung zwischen motorischen Cortexgebieten und den Servokreisen des Rückenmarks, die *Pyramidenbahn.* Kopien der Kommandos dieser Bahn gelangen zum Kleinhirn, welches aufgrund seiner Eingänge von den Sinnesorganen für das Körpergleichgewicht und aus dem Bewegungsapparat eine Angleichung der Bewegungen an die Lage des Körpers im Raum, die Körperhaltung und bereits ablaufende Bewegungen vornehmen kann. Dies geschieht über eine direkte Bahn zum motorischen Cortex und über Verbindungen zum *extrapyramidalen System.* Letzteres, bestehend u. a. aus den Basalganglien im Endhirn und Gebieten des Hirnstamms, erhält Kommandos aus dem Großhirn, verarbeitet sie und leitet sie unter mehrfacher Umschaltung weiter zum Rückenmark. Im extrapyramidalen System bestehen viele Querverbindungen und Rückmeldeschleifen, die resultierenden Bewegungen erfolgen fein abgestuft, sie werden häufig über die Sollwertverstellung der Motoneurone eingeleitet. Stark vereinfacht Vgl. Seite 37
kann man sagen, daß das Großhirn der Säugetiere bei *Willkürbewegungen* über die Pyramidenbahn raschen und direkten Zugriff zu den motorischen Zentren im Rückenmark hat. Es ist sicherlich von großer Bedeutung für die hoch entwickelte Arbeitsweise der Hände und Finger des Menschen. Das extrapyramidale System spielt eine wichtige Rolle bei der *Glättung* und feinen *Abstufung* von Bewegungen. Es dient u. a. der Auslösung von „unwillkürlichen" Bewegungen und Stellungsreflexen. Außerdem unterhält es zum Teil die Grundspannung der Muskeln für die Körperhaltung, den *Muskeltonus.* Stets wird beim Einsetzen der Aktivität im Pyramidensystem das extrapyramidale System mit aktiviert. Bei Wirbeltieren ohne Pyramidenbahn, d. h. allen außer den Säugern, ist das extrapyramidale System zusammen mit dem Kleinhirn allein für die Motorik verantwortlich. Die gesamte Motorik wird ständig mit Hilfe von Sinnesmeldungen über die Außenwelt und die Bewegungsabläufe kontrolliert.

Neuerdings ergeben sich zunehmend Hinweise darauf, daß bei der Steuerung von Willkürbewegungen Gehirngebiete außerhalb des motorischen Cortex eine größere Rolle spielen als nur die des Glättens und Anpassens. Das *Kleinhirn* soll dabei als Generator für Kommandos zu raschen, einfachen Bewegungen dienen wie Blickbewegungen der Augen, Bewegungen im Dienste der Körperhaltung, Zielbewegungen von Hand bzw. Arm und auch als Halteregler für die Einhaltung der neu gewonnenen Stellung des bewegten Körperteils. Die

Basalganglien sollen einfache, glatt und langsamer ablaufende Bewegungen steuern, die motorische *Großhirnrinde* vor allem die Entwürfe für komplizierte Bewegungen und Handlungsfolgen bereitstellen.

In den motorischen Cortexfeldern besteht eine streng *räumliche Anordnung* der Neurone nach den Endgebieten ihrer Axone im Körper. So liegen die Gebiete zur Innervation der Muskeln der Hand neben denen für den Unterarm usw. Entsprechend der notwendigen Feinheit der Bewegungen sind für manche relativ kleinen Muskelbereiche wie Mund und Kehlkopf die Motoneurone der entsprechenden Muskeln in der Hirnrinde sehr zahlreich, die für den Oberschenkel vergleichsweise viel weniger. Entsprechende Repräsentationen gelten auch für die Kleinhirnrinde.

Die mehr oder weniger selbständigen *Servomechanismen* sorgen auf unterster Ebene für die Verknüpfung der Motorik mit den Sinnesinformationen, für Koordination der Muskeln und für den glatten Verlauf einzelner Bewegungsphasen, dazu im vegetativen Bereich für die Regulation der Aktivität von Drüsen und Eingeweiden. Eine hervorragende Rolle spielen dabei die Reflexkreise des Rückenmarks und des Hirnstamms.

Bei vielen Bewegungen sind *Einschleifvorgänge* durch häufige stereotype Wiederholung von großer Bedeutung. Die vorhandenen Schaltkreise müssen sich unter stetiger Erfolgskontrolle durch die Sinnesorgane erst einarbeiten. Dies ist bei Bewegungen sehr junger Säugetiere und Vögel gut zu beobachten. Komplizierte Bewegungen z.B. beim Klavierspiel gelingen uns erst unter intensiver Einübung der Willkürmotorik.

Bei Vögeln liegen die höchsten Steuerzentren der Motorik im Corpus striatum des Großhirns, bei niederen Wirbeltieren im Hirnstamm, zum Teil im Mittelhirndach. Eine der Pyramidenbahn entsprechende Verbindung findet sich nicht. Bei einigen Fischen und Fröschen wurde jedoch auf jeder Körperseite im Hirnstamm ein sehr großes Neuron (sog. *Mauthnersches Riesenneuron*) gefunden, dessen Dendriten Sinnesinformationen hauptsächlich aus den Gleichgewichts- und Strömungssinnesbahnen beider Körperseiten sammeln und dessen Axone auf ihrem Weg durch das Rückenmark die Motoneurone vieler Abschnitte rasch und gleichzeitig aktivieren.

Das Ausmaß der Verknüpfung der Hirngebiete sowie die

Dominanz und Wichtigkeit höherer Zentren sind sehr verschieden ausgeprägt: Ein Frosch kann ohne Endhirn noch gut Bewegungen ausführen; seine vegetativen Funktionen sind wenig gestört. Menschen ohne Großhirn sind nicht lebensfähig. Allerdings bedeutet das nicht, daß nur eine einzige beherrschende übergeordnete Instanz existiert. Meist arbeiten vegetative, motorische und assoziative Zentren im Cortex, limbischen System, Thalamus und Hypothalamus zusammen bei der Abstimmung der Leistungen des Kreislaufs, der Ernährung, des Hormonhaushalts und der Muskelarbeit. Es existiert gewissermaßen ein *„Parlament" höherer Zentren,* welches je nach Außenbedingungen und innerem Milieu im Bedarfsfall über die Priorität einer Funktion entscheidet, der sich dann andere Funktionen unterordnen. Ein Tier wird nicht gleichzeitig schlafen und fressen oder angreifen und fliehen, oder Futter suchen und einen Rivalen bekämpfen. Hierbei ist natürlich Elastizität und Anpassungsfähigkeit einzelner Zentren und des gesamten Systems von hervorragender Bedeutung.

SINNESBAHNEN. Die Informationen der Sinnesorgane über die Außen- und Innenwelt eines Organismus werden in den Sinnesbahnen ausgewertet. Außenreize, wie Licht, Schall und Geruch, dienen, außer zur Information über die Umwelt, zur Orientierung und Kommunikation (Sprache, Reviermarken usw.).

Die Sinneseingänge aus der Haut, dem Bewegungsapparat und den Eingeweiden laufen über die *Dorsalwurzeln des Rückenmarks* direkt oder nach Umschaltung über die aufsteigenden Bahnen des Rückenmarks zum Hirnstamm und dem Kleinhirn. Abzweigungen ziehen zum unspezifischen System der retikulären Formation. Gleichgewichtssinnesor- Vgl. Seite 42
gane haben ebenso wie die Rezeptoren aus dem Bewegungsapparat schnelle und direkte Verbindungen zum Kleinhirn (s.o.).

Bei Säugetieren und Vögeln laufen alle Sinnesbahnen letztlich zum *Thalamus,* werden dort umgeschaltet, wobei eine gewisse Verarbeitung stattfindet, und zu den *modalitätsspezifischen Cortexfeldern* geleitet. Vgl. Seite 45 Hier erfolgt die endgültige, primäre Verarbeitung der Sinnesreize, die nach Modalitäten getrennt sind, bevor die Informationen in das System der Assoziationsfelder einlaufen. In den *Assoziationsfeldern* des Menschen entstehen im Zusammenspiel mit dem Thalamus

VEGETATIVES NERVENSYSTEM

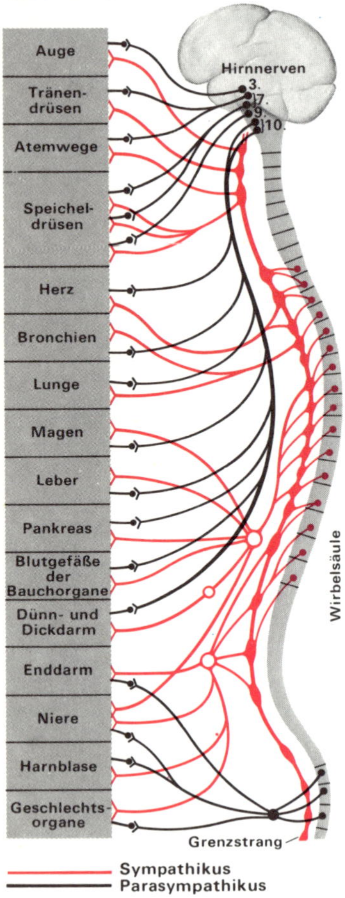

Das *autonome* oder *vegetative Nervensystem* setzt sich zusammen aus dem *sympathischen (Sympathikus)* und dem *parasympathischen Nervensystem (Parasympathikus)*, welche die von ihnen innervierten Organe meist in jeweils entgegengesetztem (antagonistischem) Sinne beeinflussen. Nahezu alle Ganglien des Sympathikus entspringen dem neben der Wirbelsäule verlaufenden und mit dem Rückenmark verbundenen *Grenzstrang*. Die parasympathischen Fasern haben ihren Ursprung teils in Hirnnerven (z. B. *Vagus)*, teils im Rückenmark der Beckenregion.

die bewußten Empfindungen und Wahrnehmungen. In einzelnen Sinnesfeldern des Cortex findet sich eine *räumliche Ordnung* bestimmter Reizparameter: Benachbarte Stellen der Netzhaut des Auges sind in benachbarten Regionen der Sehrinde repräsentiert; in der Hörrinde gibt es Gruppierungen bestimmter Neurone nach der Höhe des Tones; in der somatosensorischen Region für die Rezeptoren aus der Haut liegen die Enden der Bahnen aus den Regionen benachbarter Hautbereiche in benachbarten Rindenregionen. Entsprechend der Feinheit in der Auflösung taktiler Reizmuster sind z. B. die Neurone zur Verwertung für Afferenzen aus den Fingern relativ zahlreicher als für die aus der Unterarmregion.

Bei niederen Wirbeltieren ohne Großhirnrinde finden sich die höchsten Auswertestationen für Sinnesreize im Mittelhirn, bei Reptilien und Amphibien besonders im Mittelhirndach. Die Verarbeitung auf den verschiedenen Stationen der Sinnesbahn variiert sehr stark. Man nimmt zum Beispiel an, daß ein Teil der für das Bewegungssehen wichtigen Verarbeitungsneurone, die bei Säugetieren erst in höheren Zentren zu finden sind, bei Fröschen schon in der Netzhaut liegen.

Das vegetative Nervensystem. Das *autonome* oder vegetative Nervensystem innerviert Eingeweide, Blutgefäße, Herz, Ausscheidungs- und Geschlechtsorgane sowie verschiedene Drüsen. Es steuert somit die vegetativen, vom Willen weitgehend unabhängigen Körperfunktionen, wie Verdauung, Exkretion, Blutkreislauf, Atmung, Körpertemperatur und über den Hormonhaushalt auch Wachstum, Salz- und Wasserbilanz, Sexualfunktionen usw. Über das Rückenmark und vegetative höhere Zentren ist das vegetative Nervensystem mit dem animalischen verbunden; beide Systeme überdecken und beeinflussen sich gegenseitig. Bei höheren Wirbeltieren arbeiten bei der Steuerung vegetativer Prozesse zwei Untersysteme als Antagonisten: das sympathische und das parasympathische System, auch *Sympathikus* bzw. *Parasympathikus* genannt. Die meisten Erfolgsorgane werden von beiden Systemen gleichzeitig in jeweils entgegengesetztem Sinne beeinflußt, wodurch eine besonders feine Steuerung erreicht wird. Zum Beispiel fördert der Sympathikus die Herztätigkeit durch Beschleunigung des Herzschlags und durch Erhöhung der Kontraktionskraft der Herzmuskeln, wohingegen bei überwiegendem Einfluß des Parasympathikus die

Schlaghäufigkeit und die Kontraktionskraft der Vorhofmuskulatur sinkt. Die Aktivität der Darmmuskeln wird durch den Parasympathikus angeregt, durch den Sympathikus gedämpft.

Zum parasympathischen System gehören Anteile der *Hirnnerven* im Hirnstamm, besonders des 10. Hirnnervs *(Vagus)*, und Neurone des *Rückenmarks* in der Beckenregion. Die efferenten Nervenfasern ziehen zu *peripheren Ganglien* (Nervenknoten) ganz in der Nähe oder innerhalb des Gewebes der Erfolgsorgane (z.B. in der Darmwand), in denen ihre Erregung auf Folgeneurone umgeschaltet wird; diese wirken ihrerseits direkt auf die Endorgane ein, z.B. auf die glatten Muskelfasern. Die Neurone des Sympathikus liegen im Rückenmark der Brust- und Lendenregion; ihre Axone laufen in die *Grenzstränge* (jeweils ein Nerven- und Ganglienstrang links und rechts der Wirbelsäule). Die Erregung wird in bestimmten Ganglien in einiger Entfernung vom betreffenden Endorgan auf die Fasern zu diesem Organ umgeschaltet.

An den synaptischen Schaltstellen in den Ganglien des Sympathikussystems ist der Transmitterstoff wahrscheinlich *Noradrenalin* bzw. *Adrenalin*, in den Ganglien des Parasympathikus ist es *Acetylcholin*, der gleiche Stoff, der auch in den Nerv-Muskel-Synapsen und anderen Synapsen nachgewiesen Vgl. Seite 25
ist. Die Meldungen der Sinnesfasern aus den Eingeweiden und der Haut können, ähnlich wie bei den Bewegungsreflexen, mit den efferenten vegetativen Neuronen zu *vegetativen Reflexkreisen* verschaltet sein (z. B. die Hirnstammreflexe). Vgl. Seite 40
Die Neurone des sympathischen Systems sind vielfach miteinander verbunden, wodurch die Reaktionen über weite Körpergebiete verbreitet werden. Als Ganzes arbeitet das vegetative Nervensystem bei der Anpassung des Organismus an bestimmte Lebensbedingungen, besonders bei starker Belastung durch Krankheit, Hunger, Erschöpfung, Schreck, Angst, Angriff, Flucht, allgemein unter *Streßbedingungen*. Soll der Körper auf Aktion eingestellt werden, überwiegt der Einfluß des Sympathikus: Herz und Kreislauf, Atmung und entsprechende Hormone werden aktiviert, die Aufmerksamkeit ist geweckt (retikuläre Formation), die Motorik voraktiviert, der Blutzufluß zu Darm, Verdauungsdrüsen und Exkretionsorganen wird verringert, und es werden Glykogenreserven für Muskelaktivität mobilisiert. Ist der Körper auf Ruhe und Erholung eingestellt, überwiegt der Einfluß des

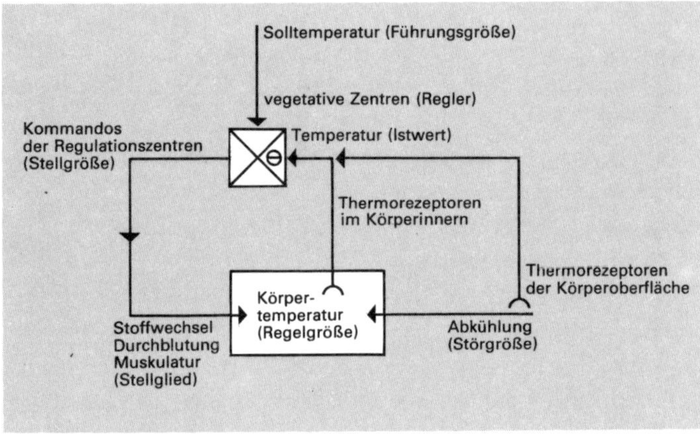

Nervensystem und Regelung der Körpertemperatur eines Säugetieres. Die Begriffe aus der Regeltechnik sind in Klammern angegeben.
(Nach Daten verschiedener Autoren)

Parasympathikus. Verdauung und andere Eingeweidefunktionen sind aktiviert, der Herzschlag und die Atmung etwas verlangsamt usw.

Die *Steuer- und Regelzentren* des vegetativen Nervensystems liegen in Rückenmark, Hirnstamm, Zwischenhirn und Endhirn. Im Rückenmark bestehen selbständige Reflexzentren u.a. für Darm- und Blasenentleerung und Genitalreflexe, die bei erwachsenen Menschen zum Teil der Kontrolle der bewußt einsetzbaren Motorik der Großhirnrinde unterliegen. Im Hirnstamm finden sich die Zentren für Atem-, Kreislauf-, Speichel- und einige Schutzreflexe.

Der Hypothalamus

Besonders wichtige vegetative Zentren befinden sich im *Hypothalamus.* Dorthin laufen Meldungen über das innere Milieu im Körper, den Stoffwechsel, den Salz- und Wasserhaushalt und die Körpertemperatur. Die Rezeptoren für osmotische Werte des Gewebes (Wasser- bzw. Elektrolytgehalt) und die Körpertemperatur liegen direkt im Hypothalamus, der Gehalt an bestimmten Hormonen im Blut wird dorthin gemeldet. Die Regelung all dieser lebenswichtigen Größen erfolgt in vielen Fällen über die Ausschüttung von Neurohormonen, die ihrerseits wieder hormonbildende Zentren steuern, in anderen Fällen über vegetativ motorische Bahnen zu den Erfolgsorganen, z.B. zu den Muskeln im Blutgefäßsystem. Die Anhangdrüse des Hypothalamus, die *Hypophyse,* ist die wichtigste übergeordnete Hormondrüse im Körper. Damit stehen neben dem Stoffwechsel auch die Tätigkeit der Geschlechtsorgane und das Wachstum unter der Kontrolle des Hypothalamus.

Dazu erhält diese Hirnregion Meldungen aus den großen Sinnesbahnen und aus der retikulären Formation, aus dem motorischen System und dem limbischen System des Endhirns. So ist der Hypothalamus Drehscheibe und Vermittlerstelle zwischen vegetativen Prozessen und der Motorik (z.B. erfolgt eine Abstimmung zwischen Stoffwechsel und Bewegungen bzw. Verhaltensweisen) und zwischen Sinneseingängen und vegetativer Steuerung.

Vor dem Hintergrund dieser Vermittlerstellung wird auch die Rolle des Hypothalamus für Handlungen und Verhaltensweisen aus dem Bereich der *Selbst-* und *Arterhaltung* verständlich, also für Nahrungsaufnahme, Geschlechtstätigkeit, Angriff, Flucht usw. Für die Bereitschaft zu solchen Verhaltensweisen sind u.a. Meldungen aus dem Wasserhaushalt, dem Stoffwechsel und dem Hormonhaushalt verantwortlich, die sich als Durst, Hunger oder „Geschlechtstrieb" bemerkbar machen. Man kann bei Katzen durch die elektrische Reizung bestimmter Zentren und Bahnen des Hypothalamus ganze Verhaltensweisen ohne Vorhandensein der natürlichen Auslöser in der Umwelt hervorrufen: Trinken (auch wenn das Tier vorher keinen Durst zeigte) oder Darmentleerung, auch plötzliche Angriffe auf vertraute Pflegepersonen oder eine vorher nicht beachtete Attrappe eines Feindes, Flucht vor imaginären Gegnern, und auch Einschlafen oder Aufwachen. Die elektrische Reizung hat eine Erregungskonstellation im Hypothalamus herbeigeführt, die unter normalen Bedingungen nur durch entsprechende Meldungen aus dem oben genannten Einzugsbereich des Hypothalamus entsteht.

Das bereits besprochene limbische System des Endhirns scheint solche mehr oder weniger stereotypen Verhaltensbausteine den Umweltbedingungen (Meldungen aus Sinneszentren!) und Gedächtnisinhalten anzupassen bzw. sie auch anzustoßen.

Darüber hinaus finden sich auch im Endhirn Areale zur Kontrolle vegetativer Funktionen. Es werden hier wahrscheinlich mehrere Funktionskreise zu Funktionskomplexen zusammengeschlossen, wie bei der Lenkung des Blutflusses zu aktivierten Muskeln oder bei der Steuerung der Atmung und Temperaturregulation entsprechend der Körpertätigkeit (Vorbeugung von Sauerstoff- und Nahrungsmangel).

Über das *vegetative Nervensystem* bei *Wirbellosen* ist wenig bekannt. Man weiß, daß die Tätigkeit des Verdauungssystems, des Herzens und anderer innerer Organe bei einer Reihe von Insekten, Krebsen und anderen Wirbellosen nervös beeinflußt wird. Eine besondere Rolle spielen neurosekretorische Zentren bei der Individualentwicklung.

Neurosekretion

Bestimmte Neurone im Nervensystem geben Neurohormone (Neurosekrete) ab. Diese werden meist von den Axonen der neurosekretorischen Zellen zu den Erfolgsorganen transportiert. Bei wirbellosen Tieren hat man viele neurosekretorische Zellen gefunden, die z.T. elektrisch aktiv sind und auch auf elektrischem Wege angeregt werden können. Die Hormone werden meist am Ende des Axons an das Blut oder andere Körperflüssigkeiten abgegeben. Die Zellen liegen z.T. im Nervensystem zwischen anderen Nervenzellen, z.T. bilden sie regelrechte Zentren, etwa die „Drüsen" in den Augenganglien von Krebsen. Neurosekrete steuern die Individualentwicklung (z.B. den Häutungszyklus von Krebsen und Insekten), z.T. auch den Stoffwechsel, den Farbwechsel und die Tätigkeit der Geschlechtsdrüsen. Wichtige neurosekretorische Zentren bei Wirbeltieren finden sich im Hypothalamus. Sie produzieren Vasopressin und Ocytocin sowie sog. releasing factors.

Sinnesorgane

Allgemeine Sinnesphysiologie

Sinneszellen, Reiz und Erregung. Sinnesorgane sind Meßinstrumente, mit deren Hilfe ein Organismus sich über seine Umwelt, seine Stellungen und Bewegungen, den Erfolg seiner Handlungen und über Vorgänge in seinem Inneren informiert. Ohne Informationen über Vorkommen von Nahrung, Anwesenheit von Feinden, über Lebensbedingungen wie Temperatur und Sauerstoffgehalt, wäre ein Tier weder lebensfähig noch könnte es einen Fortpflanzungspartner finden. Sinnesorgane kontrollieren auch die Lage eines Organismus im Raum, die Muskeltätigkeit und die Bewegungen sowie Blutdruck und Körpertemperatur.
Der *Reiz,* ein bestimmter energetischer Zustand in der Um-

welt oder eine Änderung dieses Zustandes, wird vom *reizübertragenden Apparat* aufgenommen, z.B. vom dioptrischen Apparat des Auges oder von dem System Trommelfell – Hörknöchelchen – Schnecke im Ohr. Dieser Apparat überträgt innerhalb physiologischer Grenzen nur Reize bestimmter *Modalität:* Der dioptrische Apparat eignet sich besonders für die Leitung von Licht; die Sehzellen sind gegen Einwirkungen mechanischer Reize oder Temperatureinflüsse weitgehend geschützt und unempfindlich.

Sinnesorgane reagieren normalerweise nur auf *adäquate Reize:* Augen auf Licht, Ohren auf Schall, Nasen auf Moleküle. Adäquate Reize wirken bereits in außerordentlich geringen Reizstärken. So sprechen Sehzellen schon auf einzelne Lichtquanten an, deren Energie höchstens 10^{-17} Wattsekunden beträgt. *Inadäquate Reize* müssen sehr viel stärker sein: Es muß schon die sprichwörtliche Faust auf das Auge treffen, damit man Lichtblitze („Sterne") sieht; die Quetschung der Sehzellen und Sehnerven versetzt diese inadäquat in Erregung. So wird erreicht, daß ein Informationskanal nur Meldungen über bestimmte Reizarten zum Zentralnervensystem meldet, welches durch die Kenntnis der Zuordnung der Kanäle zu den Reizarten die Aktivität richtig auswertet.

Oft ist die Qualität des reizleitenden Apparats maßgebend für die Informationsübertragung. Das menschliche Auge ist für ultraviolettes Licht deshalb unempfindlich, weil die schwach gelblich gefärbte Linse kürzere Wellenlängen absorbiert und diese nicht mehr zu den – sehr wohl für ultraviolettes Licht empfindlichen – Sehzellen durchläßt. Der Tonfrequenzumfang, den ein Ohr verarbeiten kann, hängt weitgehend von den Dimensionen und der mechanischen Konstruktion des Trommelfells, der Hörknöchelchen, des Schädels (Knochenleitung!) und des Innenohrs ab. Das ist mit eine Ursache dafür, daß die obere Hörgrenze des Menschen unter 20 kHz liegt, die einiger Fledermäuse dagegen bei mehr als 100 kHz. Bei Mechanorezeptoren spielt für die Auswahl der adäquaten Reize der reizübertragende Apparat wohl die Hauptrolle. Übertragungsfehler reizleitender Apparate können vom Zentralnervensystem ausgeglichen werden. Unser Auge ist, vom Standpunkt eines Optikers gesehen, recht schlecht. Linsenunreinheiten, chromatische und sphärische Aberration, mangelnde Scharfstellung und blinde Stellen fallen uns jedoch nur auf, wenn wir das Sehsystem durch experimentelle Kunstgriffe prüfen.

Für die Verarbeitung der Information aus der Um- und Innenwelt benötigt der Organismus neben Sinnesorganen mit reizübertragenden Strukturen und Rezeptorzellen einen auswertenden Apparat für die Meldungen der Sinnesorgane, ein Nervensystem. Von der Präzision dieser Einrichtung hängt es ab, wie gut registriert und ausgewertet werden kann.

Die Sinneszellen

Die eigentlichen Meßinstrumente für Sinnesreize sind die Sinneszellen. Hier wird der *Reiz* in *Nervenerregung* übersetzt, die überall im Nervensystem verstanden und verarbeitet werden kann: in Serien von Nervenimpulsen. In einem ersten Vorgang, dem *Primärprozeß*, wird die spezifische, oft sehr geringe Energie etwa einer Schalldruckwelle oder einiger Lichtquanten dazu verwendet, Prozesse in der Sinneszelle auszulösen, die eine Permeabilitätsänderung der Membran der Rezeptorzelle für bestimmte Ionen und damit eine Änderung des Membranpotentials der Sinneszelle *(Rezeptorpotential)* zur Folge haben. Eine solche Primärreaktion ist z.B. der Zerfall des Sehpurpurs in den Stäbchen der Wirbeltiernetzhaut bei Belichtung. Die Schwankung des Membranpotentials breitet sich über die Rezeptorzelle (oder einen peripheren Abschnitt der Endigung) wie ein postsynaptisches Potential über eine Nervenzelle aus. Die Energie des Reizes selbst reicht ebensowenig aus, ein Aktionspotential in der Rezeptorzelle auszulösen, wie der schwache Fingerdruck am Abzug eines Gewehrs die Kugel aus dem Lauf treibt. So wie bei der Waffe die Energie in der Pulverladung durch den Zündvorgang freigesetzt wird, so wird die Zellenergie durch den Sinnesreiz dahingehend gesteuert, daß Nervenimpulse entstehen. Der Reiz steuert die elektrische Aktivität der Sinneszelle. Die Weiterleitung der Signale erfolgt je nach Typ der Sinneszellen und der nachgeschalteten Nervenzellen auf verschiedene Weise.

Vgl. Seite 82

Vgl. Seite 24

Primäre Sinneszellen und Sinnesnervenzellen. Hier dient ein Teil der Zelle (sensibler Ausläufer) der Reizaufnahme. Überschreitet das Rezeptorpotential einen bestimmten Schwellenwert, so werden an der Zellmembran fortgeleitete Aktionspotentiale nach dem Alles- oder-Nichts-Prinzip ausgelöst (ähnlich der Impulsauslösung durch ein postsynaptisches Potential). Diese Impulssignale laufen über den Axon der Sinneszelle zum Nervensystem. Beispiele für primäre Sinneszellen sind die Geruchssinneszellen von Wirbeltieren und die meisten Sinneszellen wirbelloser Tiere.

Vgl. Abb. Seite 59

In manchen Fällen, etwa bei vielen Hautrezeptoren der Wir-

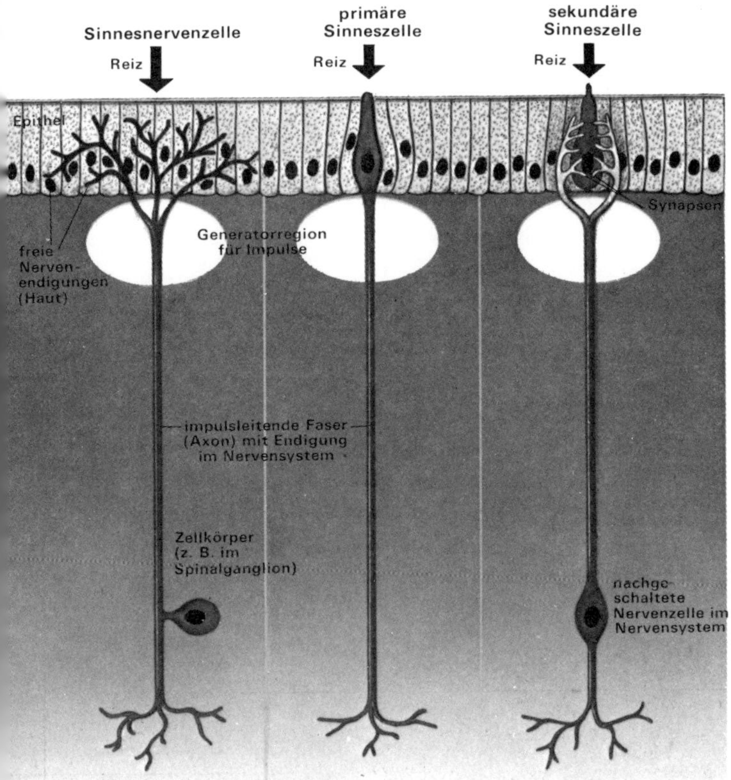

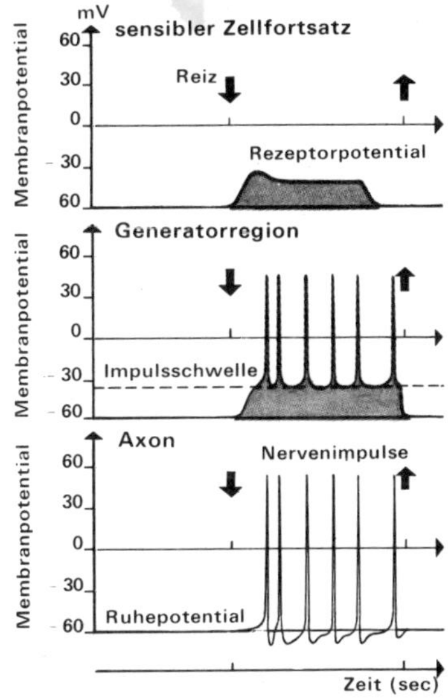

Sinneszellen sind die reizempfangenden Strukturen der *Sinnesorgane*. Sie setzen die Sinnesreize (z. B. Licht, Schall) in Serien von Nervenimpulsen um, welche die Informationen über die Stärke und den Zeitverlauf des Reizes beinhalten.
Nach ihrem Bau und ihrer Verschaltung unterscheidet man drei Typen von Sinneszellen (Abb. oben). Bei *primären Sinneszellen* wird der Reiz von sensiblen Zellfortsätzen aufgenommen; die Nervenimpulse laufen über den Axon der gleichen Zelle zum Zentralnervensystem. Der Zellkörper von *Sinnesnervenzellen* sitzt nicht im Sinnesepithel, sondern am oder im Zentralnervensystem. Die reizempfangenden Endfasern sind oft stark verzweigt (als *freie Nervenendigungen*) oder mit Hilfsstrukturen versehen. *Sekundäre Sinneszellen* liegen im Sinnesepithel, haben keinen eigenen Axon und übernehmen lediglich die Aufgabe der Reizaufnahme. Sie geben ihre Erregung (wahrscheinlich über Synapsen) an die verzweigten und die Sinneszelle umgebenden Endfasern einer nachgeschalteten Nervenzelle weiter.

Die Diagramme (oben) sind den verschiedenen Teilen der Sinneszellen (links) zugeordnet. Sie zeigen den Verlauf des im sensiblen Fortsatz gebildeten *Rezeptorpotentials*, dessen Amplitude proportional der Reizstärke ist. Dieses breitet sich über die Zelle aus und kann bei Überschreiten der Impulsschwelle in der Generatorregion Aktionspotentiale auslösen, deren Zahl pro Zeiteinheit der Reizstärke entspricht.

beltiere, sitzt der Zellkörper am Zentralnervensystem tief im Körperinnern in den *Spinalganglien*, und nur ein langer Ausläufer mit reizsensiblem Ende zieht zur Oberfläche. Hier sendet auch der periphere Abschnitt der Zelle Nervenimpulse aus. Zu diesen sog. Sinnesnervenzellen gehören Mechano-, Thermo- und Nozirezeptoren in der Haut der Wirbeltiere. Vgl. Seite 35
Sekundäre Sinneszellen liegen wie Epithelzellen im Sinnesorgan. Sie haben keinen eigenen Axon, sondern übertragen synaptisch ihre Erregung (Rezeptorpotential) auf den ableitenden Fortsatz einer nachgeschalteten Nervenzelle, in dem Nervenimpulse ausgelöst und zum Nervensystem geleitet werden. Beispiele hierfür sind die Haarzellen in Seitenlinien, Labyrinth und Innenohr sowie die Geschmackssinneszellen von Wirbeltieren.

Die Codierung. Alle wichtigen Eigenschaften und veränderlichen Größen (Parameter) der Reize sollen in Folgen von Nervenimpulsen übertragen (codiert) werden. Die *Intensität* (Reizstärke) wird durch die Amplitude des Rezeptorpotentials wiedergegeben, und von dieser ist die Häufigkeit der im Axon gebildeten Nervenimpulse abhängig. Gewöhnlich löst ein starker Reiz viele, ein schwacher Reiz wenige Nervenimpulse pro Zeiteinheit aus. Die *Modalität* (Sehreiz, Hörreiz, Riechreiz usw.) ist durch den Typ des speziell reagierenden Sinnesorgans gegeben. Die *Qualität* (z.B. die Farbe des Lichts) wird durch den Typ der Sinneszelle, also ebenfalls durch Wahl der Eingangskanäle, codiert. Oft arbeiten dabei mehrere Gruppen von Sinneszellen zusammen; das Nervensystem vergleicht die Meldungen verschiedener Sinneszellen. Der *Zeitverlauf* des Reizes wird durch den Zeitverlauf der Erregung wiedergegeben. Die *räumliche Verteilung* eines Reizes kann in bestimmten Fällen ebenfalls durch die spezifische Erregung einer Sinneszelle direkt übertragen werden. Trifft z.B. ein Wasserstrom aus einer bestimmten Richtung auf entsprechende Sinnesorgane in der Haut eines Fisches, werden bestimmte Rezeptorzellen erregt, und ihre Impulsrate steigt. Trifft der Wasserstrom aus der entgegengesetzten Richtung ein, wird die Entladung dieser Zellen gehemmt, die Impulsrate also verringert.

Vgl. Abb. Seite 64

Vgl. Seite 105

Komplexe Parameter, wie Form, Kontrast, Bewegungsgeschwindigkeit optischer Muster, exakte Tonhöhe usw., werden bei der Auswertung der Erregung vieler Sinneszellen durch das Nervensystem herausgearbeitet. Es hängt von den speziellen Übertragereigenschaften des reizleitenden Apparates der Sinneszellen und der Neurone ab, welche Reizparameter überhaupt bzw. bevorzugt übertragen werden.

Vgl. Seite 97

Der *Impulsfrequenzcode* (Impulsabstand als Nachrichtenelement) bietet für das Nervensystem eine hohe Sicherheit der Übertragung von Information auch über längere Nervenfasern. Da jeder fortgeleitete Impuls an jeder Stelle der Leitung stets die volle Amplitude erreicht (AoN-Regel), kommt er beim Empfänger in voller Höhe an. Ein abstufbares Aktionspotential, dessen Amplitude als Nachrichtenträger dient, wie z.B. das Rezeptorpotential, wäre über lange Leitungsstrecken nicht korrekt übertragbar. Bei „passiver" rein elektrischer Leitung entlang den Nervenfasern würde ein starkes Abfallen der Amplitude gemäß dem Widerstand des Leiters erfolgen. Bei Aufregelung solcher Signale durch aktive Leitung über

Vgl. Seite 18

längere Strecken würde sich aus Fehlern von nur 1% pro Aufregelung (z.B. an jedem Schnürring markhaltiger Fasern) ein Gesamtfehler von mehreren 1000% ergeben.

ABSICHERUNG GEGEN STÖRUNGEN. Nervenmeldungen werden von Störsignalen, dem *Rauschen,* überlagert, ähnlich wie eine Fernsehsendung durch Bildflimmern und Hintergrundgeräusche des Tons gestört wird. Dabei kann so viel Information verloren gehen, daß die Sendung nicht mehr zu verstehen ist. Rauschen im neurophysiologischen Sinne wäre z.B. die Bildung von postsynaptischen Potentialen durch „spontanen" Transmitterübertritt, Schwankungen im Rezeptorpotential bei konstanter Reizeinwirkung oder auch ohne Reiz, Störungen bei der Übertragung des Reizes in Erregung. Auch der Zeitpunkt der Bildung eines Nervenimpulses ist nicht genau festlegbar, sondern schwankt um einen kleinen Betrag unregelmäßig. Nervenfasern können also nicht beliebig viele, vom Empfänger unterscheidbare Impulsabstände produzieren. Testet man z.B. die Impulsraten in einer Sinnesfaser mehrmals bei gleichen und verschiedenen Reizintensitäten, so findet man relativ große Schwankungen; jeder Punkt im Diagramm der Abb. bedeutet einen Meßwert. Kennlinien sind Mittelwerte vieler Einzelmessungen. Daraus ergeben sich zwei wichtige Folgerungen. Erstens ist die Zahl der von Nervensystemen unterscheidbaren Impulsfrequenzen (= Reizintensität) in einer Sinnesfaser meist nur in der Größenordnung von 10. Zweitens ist es wichtig, wie lange ein Reiz andauert, damit die Rezeptorerregung durch das Nervensystem hinreichend genau ausgewertet werden kann. Bei einer 10-fachen *Beobachtungszeit* durch das Nervensystem erhöht sich der Betrag der Information über den Reiz in der Erregung um mehr als das Doppelte. Dies ist ähnlich zu verstehen wie die Berechnung der mittleren Verkehrsdichte auf einer Straße bei unregelmäßigem Aufeinanderfolgen von Fahrzeugen: Erst nach längerer Zählung und Mittelung kann ein hinreichend genauer Durchschnittswert festgestellt werden. Setzt man *redundante* (eigentlich „überflüssige") *Information* zu, dann wird die Nachricht gegen Rauschen gesichert. Redundanz kann durch Vervielfachung der Übertragerkanäle erreicht werden. Läßt sich für den Empfänger die Nachricht in einem Kanal schwer lesen, kann er sie aus einzelnen Bruchstücken in den verschiedenen Kanälen wieder zusammensetzen. Unter diesem Aspekt wird die hohe Zahl von Rezeptoren

Vgl. Seite 22

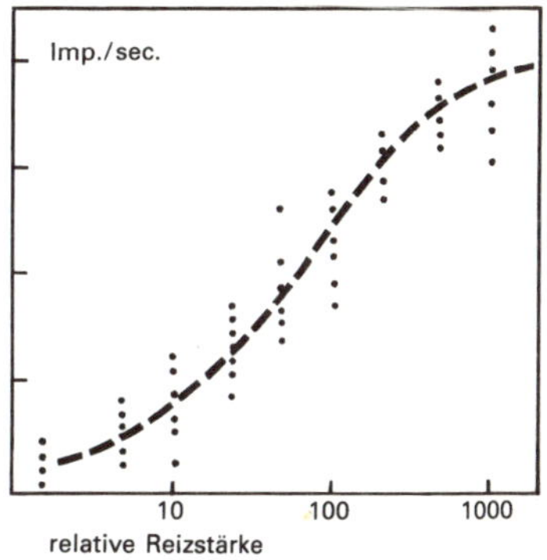

Schwankungen in der Antwort einer Sinnesfaser. Bei jeder Reizstärke werden mehrere unterschiedliche Erregungswerte gemessen. Die gestrichelte Kurve verbindet die (theoretisch ermittelten) Mittelwerte zu einer Kennlinie.

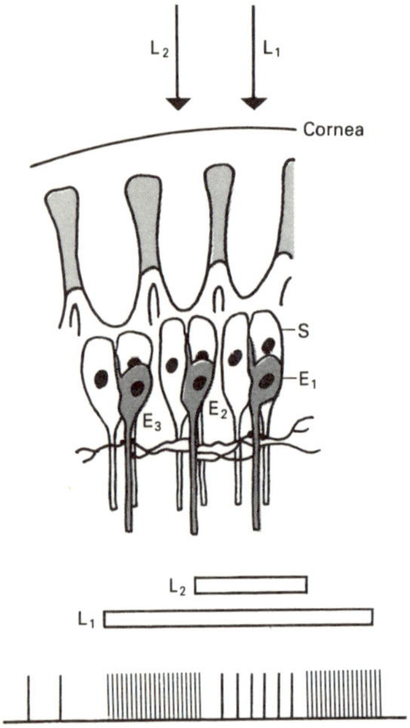

Laterale Hemmung im Komplexauge des Molukkenkrebses (Limulus). Licht L_1 fällt durch die Cornea auf die Sehzellen (S) und die Exzentrische Zelle (E_1). Dadurch wird E_1 erregt (Nervenimpulse unter L_1). Wird zusätzlich mit L_2 das mittlere Ommatidium beleuchtet, so hemmt die aktivierte E_2 über Seitenzweige ihrer Faser die E_1: solange L_2 andauert, sendet E_1 weniger Nervenimpulse aus. (Nach Daten von HARTLINE, WAGNER, RATLIFF)

Vgl. Seite 94

und auch mancher Verbindungen im Nervensystem verständlich, die zur doppelten und mehrfachen Absicherung der Nachrichtenübertragung dient. Durch Vergleich vieler Kanäle gelingt den Gehirnneuronen die Auswertung von Erregungsänderungen einzelner Kanäle, die – für diesen Kanal alleine betrachtet – im Rauschen verschwinden. Obwohl ein einzelner Sinneskanal wie die Übertragerkette Sinneszelle – Nervenfaser – Ganglienzelle eine relativ niedrige Kanalkapazität besitzt, vermag das Gesamtsinnesorgan doch so viel eindeutige (über dem Rauschen liegende) Information abzugeben, daß zwischen 0 und 1 Lux Beleuchtungsstärke mehr als hundert Stufen verschiedener Helligkeiten im Sehsystem des Menschen unterschieden werden können. Darüber hinaus wird im Nervensystem durch wechselseitige Einwirkung der Erregung zwischen verschiedenen Kanälen einer Sinnesbahn zusätzlich Information ausgewertet. Durch die sog. *laterale Hemmung*, auch als Umfeldhemmung bezeichnet, wird ein höherer Unterschied in der Erregung zweier benachbarter Sinnesfasern erreicht, als es dem Reizkontrast am Sinnesorgan entspricht. Man kann dieses Phänomen in vielen Sinnesbahnen nachweisen, besonders einfach am Komplexauge des Molukkenkrebses. Bei diesem Tier findet man in jedem Ommatidium des Auges neben anderen Sehzellen jeweils eine sog. exzentrische Zelle mit einem besonders dicken Axon zum Gehirn. Seitenzweige dieses Axons enden an den Axonen der exzentrischen Zellen von Nachbarommatidien. Belichtet man mit einem feinen Lichtstrahl (L 1) ein Ommatidium, sendet der Axon der exzentrischen Zelle Nervenimpulse zum Gehirn. Belichtet man zusätzlich mit einem zweiten Lichtstrahl (L 2) ein Nachbarommatidium, so geht die Erregung im ersten Ommatidium zurück. Diese laterale Hemmung, die von einem gereizten Ommatidium ausgeht, ist in den am nächsten benachbarten Ommatidien am stärksten. Werden diese nur schwach erregt, kann diese Erregung durch ein stark erregtes Ommatidium ganz unterdrückt werden. Auf solche Weise werden Hell-Dunkel-Kontraste, die Elemente des Formensehens, durch die Art der neuronalen Verschaltung besonders hervorgehoben.

Reaktionsverlauf. Häufig schießt zu Beginn einer Reaktion die Erregung der Sinneszelle über und erreicht nach einem *Maximum* (Erregungsspitze) ein *Plateau*, dessen Höhe von der Reizstärke abhängt. Die Höhe des Maximums ist ein

Maß für die Anstiegsgeschwindigkeit des Reizes: Erfolgt z. B. die Dehnung eines Muskels sehr langsam auf eine bestimmte Länge, so antworten die Dehnungssinnesorgane im Muskel ohne Erregungsspitze mit einer langsam steigenden Impulsrate, die bei der Enddehnung einen Wert erreicht, der sich kaum mehr ändert. Wird der Muskel rasch auf die gleiche Enddehnung wie vorher gebracht, so steigt die Impulsrate stark an und sinkt erst nach dem Überschreiten eines hohen Werts auf genau den gleichen Plateauwert wie bei der ersten Dehnung. Besonders in mechanischen Sinnesorganen findet man Rezeptoren, die bevorzugt auf *dynamische* Reizgrößen (Zustands*änderungen*) ansprechen, wie z. B. die Abbiegegeschwindigkeit eines Gelenks; andere melden über lange Zeit unverändert *statische* Größen, z. B. die Muskellänge.

Kennlinien von Sinnesorganen. Jedes Sinnesorgan arbeitet nur innerhalb eines bestimmten Bereichs von *Intensitäten* (Reizstärken). Erst ab einer bestimmten Reizstärke beginnt es zu antworten; dieser Punkt in der Übertragungskurve (Kennlinie) wird als *Schwelle* bezeichnet. Meist definiert man diejenige Reizintensität als Schwelle, bei der 50% der Versuchstiere eine erkennbare Reaktion zeigen oder bei der eine Versuchsperson in 50% der Fälle eine Sinneswahrnehmung berichtet. Die Meldeschwelle einer Rezeptorzelle kann davon abweichen. Als Maß gilt hier ein gerade erkennbares Ansteigen der Impulsaktivität gegenüber der Grundaktivität. Bei sehr schwacher Reizintensität kann zwar ein Rezeptorpotential entstehen, das aber die Impulsschwelle nicht erreicht: es läuft kein Signal zum Nervensystem. Vom Schwellenwert steigt die Erregung des Rezeptors mit steigender Reizstärke bis zu einem nicht überschreitbaren Maximum *(Sättigung)*. Ab hier kann auch eine drastische Erhöhung der Reizstärke die Erregung der Sinneszelle nicht mehr steigern. Manche Rezeptoren, wie z. B. Thermorezeptoren in der Haut von Wirbeltieren, arbeiten mit einer *Optimumkennlinie*. Hier ist die Erregung in einem bestimmten Bereich der Reizintensität maximal; bei niedrigerer oder höherer Intensität sinkt die Erregung unter diesen Wert ab.
Die Zunahme der Erregung pro Reizerhöhung ist ein Ausdruck der *Unterschiedsempfindlichkeit*. Man kann leicht einsehen, daß bei einer steilen Kennlinie der Erregungszuwachs pro Reizsteigerung besonders hoch ist. Bei dieser Kennlinienform setzt aber die Sättigung schon bei relativ niedrigen

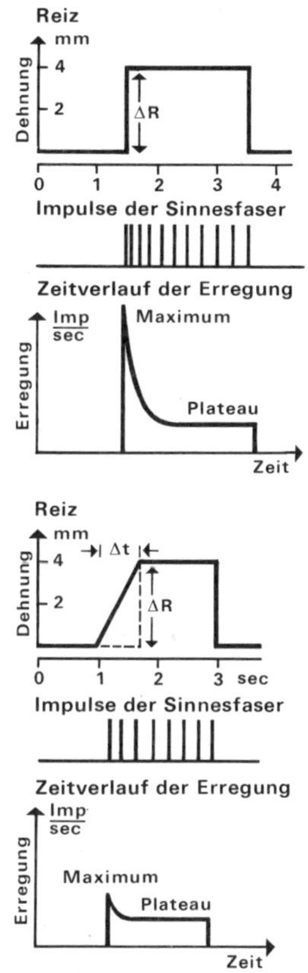

Reiz und Erregung
Die Diagramme zeigen am Beispiel der Muskeldehnung den Zeitverlauf der Erregung in der Dehnungssinnesfaser in Abhängigkeit vom Reizverlauf. Die Höhe des Erregungsmaximums ist eine Funktion der Reizanstiegsgeschwindigkeit ΔR / Δt, die Höhe des Plateaus hängt von der Reizstärke ΔR ab.

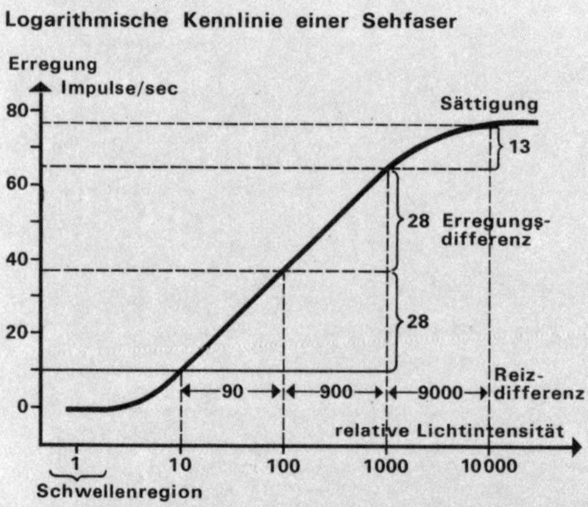

Reizabhängigkeit der Erregung bei logarithmischer Kennlinie. Sinneszellen, die einen großen Reizintensitätsbereich verarbeiten müssen, z. B. die *Sehzellen*, haben im allgemeinen eine *logarithmische Kennlinie* (Abb. oben), d. h., die Erregung ist dem Logarithmus der Reizstärke proportional.

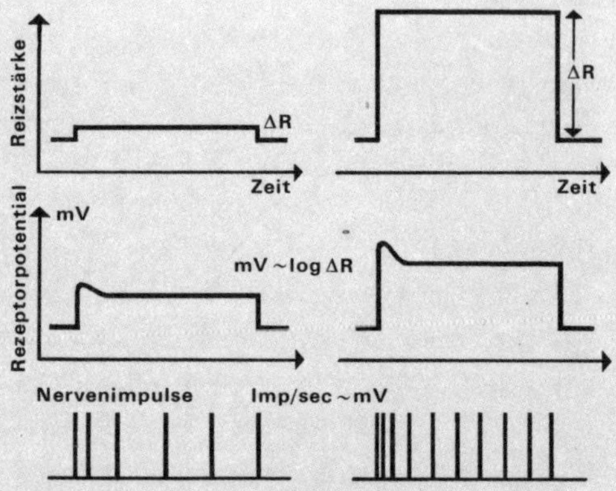

Die Diagramme zeigen die Codierung der Reizintensität durch eine Sinneszelle mit logarithmischer Kennlinie: Bei jeder Steigerung der Reizstärke (ΔR) auf das 10fache nimmt das Rezeptorpotential (Erregung) um gleiche Beträge (hier Faktor 2) zu. Die »Dichte« der in der Sinnesfaser ausgelösten Nervenimpulse (Impulse/sec) ist proportional der Amplitude des Generatorpotentials (Rezeptorpotential).

Reizstärken ein, da eine Sinneszelle nur in beschränktem Maß Nervenimpulse pro Zeiteinheit bilden kann. Diese steilen Kennlinien leisten sich nur Rezeptoren mit engem *physiologischem Meßbereich*, z. B. Rezeptoren für die Messungen der Muskellänge oder der Winkelstellung von Gelenken oder für die Messung des Blutdrucks. Hier schwanken die Reizwerte selten über Bereiche von mehr als 100%. Rezeptoren für Außenreize, wie Licht, Schall oder chemische Reize, müssen einen viel größeren Umfang an Intensitäten verarbeiten; deshalb benötigen sie eine flache Kennlinie. Das menschliche Auge arbeitet beispielsweise zwischen tiefem Schatten und hellem Sonnenlicht (Intensitätsbereich von etwa 1:1 Million). Hier haben die Rezeptoren eine logarithmische Kennlinie, d. h. bei jeder Erhöhung des Reizes um das Zehnfache steigt die Erregung jeweils um gleiche Beträge. Hinzu kommt noch eine Veränderung der Reizstärke durch den reizleitenden Apparat (z. B. durch die variable Pupillenöffnung) und evtl. auch eine Verschiebung der Kennlinie über der Intensitätsachse. Diese erfolgt auf Grund einer Empfindlichkeitsänderung *(Adaptation)* unter der Einwirkung länger andauernder Reize, z. B. bei starker und permanenter Hintergrundbeleuchtung. Auf diese Weise wird eine optimale *Anpassung des Arbeitsbereichs* der Rezeptoren an die bestehenden Reizbedingungen erreicht, und die Sinneszellen arbeiten im steilen

Bereich der Kennlinie. (Ähnlich versucht man beispielsweise in der Photographie auch, im „geraden" oder „steilen" Teil der Gradationskurve des Films zu arbeiten.) Nur mit diesen Hilfsmitteln erreichen manche Sinne ihren weiten Arbeitsumfang. Das hat den Nachteil, daß das Nervensystem *absolute Reizintensitäten* nur dann messen kann, wenn es zugleich die Verstellung des Arbeitsbereichs mißt. Das ist einer der Gründe, warum es dem Menschen viel schwerer fällt, die absolute Helligkeit oder die Farbe der Hintergrundbeleuchtung festzustellen, als feinste Helligkeits- und Farb-*Unterschiede* zu erkennen. Ein Photograph benötigt daher einen Belichtungsmesser, der die absolute Helligkeit und möglichst auch die Farbtemperatur angibt.
In manchen Fällen wirken auch verschiedene Populationen von Sinneszellen mit verschiedenem Intensitätsbereich zusammen; gelegentlich arbeiten sie antagonistisch. Zum Beispiel reagiert eine Gruppe von Haarzellen im Seitenlinienorgan von Fischen auf die Bewegung des Wasserstroms in einer, Vgl. Seite 105
eine weitere auf Bewegung in anderer Richtung. Bei Thermorezeptoren findet sich oft eine Gruppe von Rezeptoren, die auf Erwärmung und eine andere, die auf Abkühlung reagiert.

UNTERSUCHUNGSMETHODEN. Die Feststellung der Leistung eines Sinnesorgans nahm ihren Anfang in der Erfahrung und Beobachtung menschlicher Sinnesleistungen. Man wußte jedoch auch lange vor der Entwicklung einer wissenschaftlichen Sinnesphysiologie, daß Hunde sehr gut Gerüche unterscheiden und Eulen ausgezeichnet hören können. An solche zufällige oder gezielte Beobachtungen schließt das Experiment an, in dem der Befund einer quantitativen Analyse unterzogen wird. In der Sinnesphysiologie des Menschen lassen sich auch Ergebnisse der sog. *subjektiven Sinnesphysiologie* verwerten. Menschen können aufgrund unmittelbarer Sinneseindrücke, z.B. „grüne Fläche", „gelbe Flecken", über *Sinnesempfindungen* berichten: „grüne Fläche mit gelben Punkten" (Kombination der Eindrücke). Durch Verknüpfung der Empfindungen mit Erfahrung, Angeborenem und Erlernten, ggf. unter Verwertung von zusätzlichen Reizen (z.B. Raumeindrücken), kommt es zur *Wahrnehmung:* „grüne Wiese mit gelben Blumen". Die Aussagen eines Menschen über Reizparameter und Reizkombinationen übertreffen in ihrer Feinheit bei weitem die Messungen von Reaktio-

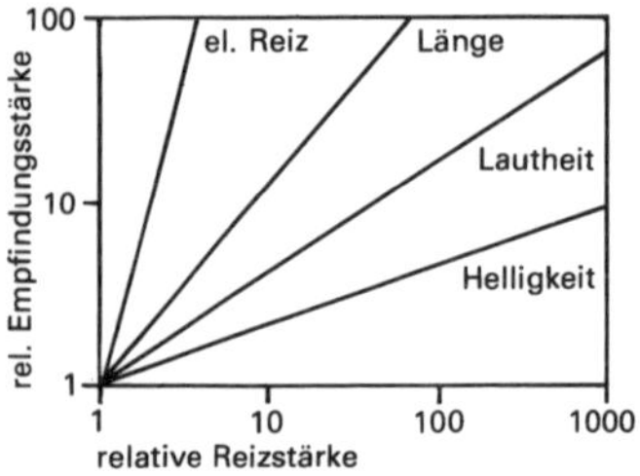

Abhängigkeit der Empfindungsstärke von der relativen Reizstärke bei Sinnesreizen verschiedener Modalität. Die Steigung jeder Kurve ergibt den Exponenten in der STEVENS-Gleichung.
(Nach STEVENS)

nen im Verhaltensversuch oder neurophysiologischen Experiment. Man denke nur an die mit Worten ausdrückbare Vielfalt von Gerüchen oder Farben. Sehr klare Resultate ergeben sich aus quantitativen Untersuchungen der Reiz-Empfindungs-Kennlinien aufgrund von Aussagen über die relativen Stärken von Reizen. Trotz der Subjektivität der Aussagen sind die entsprechenden Kurven für viele Menschen sehr ähnlich. Man findet eine lineare Beziehung zwischen dem Logarithmus der Reizstärke und der Empfindungsstärke nach der Funktion $E = R^n$ *(Psychophysische Potenzfunktion).* Der Exponent ist verschieden für Reize verschiedener Modalität und Qualität.

Im *Tierversuch* muß man durch geeignete Experimente das Versuchsobjekt zu Aussagen anregen oder zwingen. Tiere stellen sich meist nicht freiwillig unseren Versuchen; man muß aus ihren Reaktionen, Bewegungen oder Handlungen das Ergebnis herauslesen. Trotzdem ist der Tierversuch nicht nur aus vergleichend-physiologischen Gründen sehr wichtig. Es ist ja nicht möglich, die gesamte Verarbeitungskette von der Sinneszelle bis zu höchsten Hirnzentren beim Menschen direkt zu untersuchen. Wollen wir also ein solches System wirklich bis ins Detail studieren, müssen wir auf das Tierexperiment zurückgreifen.

Dabei haben sich eine Reihe verschiedener Untersuchungsmethoden bewährt. Zum Beispiel läßt sich eine Sammelbiene auf Licht der Wellenlänge von 450 nm (für Menschen „Blau") dadurch *dressieren,* daß man ein Schälchen Zuckerwasser auf blauem Papier aufstellt. Die Biene lernt sehr schnell, daß diese Farbe Futter bedeutet und fliegt das blaue Papier später auch dann an, wenn kein Zuckerwasser mehr dort ist. Jetzt kann man Papier anderer Farben und Grautöne neben dem blauen bieten und sehen, welche von der Biene ebenfalls angeflogen, d. h. mit dem blauen verwechselt werden. So stellt man erstens fest, ob Bienen überhaupt Farben sehen, und zweitens, welche Farben sie unterscheiden können.

Vgl. Seite 85

Durch *Konditionieren* läßt sich z. B. einer Ratte beibringen, beim Erklingen eines bestimmten Tons eine Taste zu drükken, die einen Futterbehälter öffnet. Wird ein anderer Ton geboten, darf die Taste nicht gedrückt werden, sonst bekommt die Ratte einen elektrischen Schlag. Auf diese Weise kann man sehr genau die Sinnesleistungen von Tieren prüfen, ja sogar ob Tiere „zählen" können. Kolkraben und auch Dohlen lernen, daß unter einem Deckel mit fünf Zeichen

oder Marken Futter bereitsteht, nicht aber unter einem mit drei dieser Marken. Dabei müssen die Marken so angeordnet sein, daß kein Mustererkennen möglich ist.
Eine dritte Methode besteht darin, die *natürlichen Bedingungen* für Tiere im Experiment zu *verändern*. Die Reaktion des Tieres macht dem Beobachter die Arbeitsweise eines Sinnesorgans deutlich. Auch dazu ein Beispiel: Normalerweise schwimmen („stehen") Fische im Wasser mit dem Rücken nach oben und dem Bauch nach unten. Mittels ihrer Schweresinnesorgane im Labyrinth stellen sie die Richtung der Schwerkraft fest, mit Hilfe des Lichts, welches für Wassertiere ja meist von oben einfällt, die Richtung „oben". Kippt der Fisch durch eine aktive oder passive Bewegung – etwa bedingt durch die Wasserströmung – aus der Normallage, so wird dies aufgrund der Sinnesmeldungen aus den Augen und dem Labyrinth durch Gegenbewegungen kompensiert. Verändert man die Lichtrichtung, indem man den Fisch in einem Aquarium von der Seite beleuchtet, stellt sich das Tier leicht schräg auf einer Resultanten zwischen Schwerkraft- und Lichteinfallsrichtung ein. Setzt man den Fisch samt Becken in eine Zentrifuge, kann man die Größe der Schwerkraft durch Änderung der Umdrehungsgeschwindigkeit variieren und die Einstellreaktionen des Fisches beobachten. Aus den Versuchsergebnissen läßt sich z. B. ablesen, daß der wirksame Reiz für die Schweresinneszellen nicht der Druck (g) des Statolithen auf das Sinnespolster im Labyrinth ist, sondern die Scherung ($g \times \sin\alpha$) dieses Steins auf dem Polster, d. h. die Abbiegung der Sinneshaare.

Vgl. Abb. Seite 69

Vgl. Seite 106

Man kann auch *Suchaufgaben* stellen, etwa indem man eine Ameise auf ihrem Heimweg durch ein Labyrinth laufen oder bei veränderten Umweltbedingungen (künstliche Sonne) ihren Heimweg suchen läßt.
Endgültige Sicherheit über die Funktion des Sinnesorgans gewinnt man durch dessen *Ausschaltung:* Verdunklung der Augen, Festlegen von Gelenken oder Betäubung bestimmter Körperregionen.
Vor allem in neuerer Zeit bieten die genaue Kenntnis des *Feinbaues* (Elektronenmikroskopie) der Sinnesorgane und *biophysikalische Methoden* die Möglichkeit, einzelne Bestandteile eines Sinnessystems zu untersuchen. Schon auf Grund der Anordnung verschiedener Strukturen von Sinnesorganen kann der Anatom Hypothesen darüber formulieren, auf welche Weise ein Reiz auf die Sinneszellen wirken

könnte. Für den Physiologen ist die Kenntnis der physikalischen Voraussetzungen des Sehvorgangs (Strahlengang im Auge) ebenso wichtig wie die der morphologischen (Lage der Sehstoffmoleküle in Sehzellen) und der physikochemischen (Maximum der Lichtabsorption). Nur mit solchen Grundlagen kann man die Erregungsmuster der Sinneszellen bei adäquater Reizung richtig interpretieren und zeigen, wie z. B. die Unterscheidung von Farben möglich ist. Die *Neurophysiologie* bringt uns das Wissen, wie Rezeptoren die Parameter der Sinnesreize umcodieren. Der Hirnphysiologe hat die Möglichkeit, den Eingang eines Signals in die Verarbeitungsmaschinerie des Nervensystems zu beobachten und von Stufe zu Stufe zu verfolgen, wie die Information verarbeitet wird. Mit Hilfe des Anatomen, der mit speziellen Methoden unter dem Mikroskop die Verbindungen zwischen den Sinnes- und Nervenzellen ausfindig macht, kann er die Verarbeitungszentren mit seinen Mikroelektroden untersuchen. Er vermag auch, umgekehrt, Sinnesnerven elektrisch zu reizen und den Reizerfolg im Verhalten des Tieres festzustellen.

Vgl. Seite 60

Eine mehr theoretisch orientierte Richtung der Sinnesphysiologie befaßt sich mit der formal-mathematischen Behandlung der Informationsübertragung. Sie stellt *Funktionsmodelle* aufgrund von Daten der verhaltens- und neurophysiologischen Experimente auf. Dabei spielen informationstheoretische und kybernetische Vorstellungen eine große Rolle.

Lichtsinn

Als einfachste Form des Lichtsinns kann man die Fähigkeit zur *Hell-Dunkel-Unterscheidung* betrachten. Viele Tiere richten ihre Aktivität nach der allgemeinen Beleuchtung; Tagtiere gehen bei Dämmerung schlafen oder ruhen, Nachttiere werden aktiv. Der Hell-Dunkel-Hell-Wechsel steuert weitgehend den 24-Stunden-Rhythmus, dem sehr viele, wenn nicht alle Organismen und auch der Mensch unterliegen.

Vgl. Abb. Seite 72

Manche Geißeltierchen besitzen lichtempfindliche Strukturen an der Basis des Geißelpropellers. Diese sind von orangeroten Pigmentkörnern wie von einer Schale derart umgeben, daß sie dem Licht nur aus einer bestimmten Richtung zugänglich sind. Mit Hilfe einer solchen Einrichtung kann theoretisch nicht nur die Helligkeit, sondern auch schon die Lichteinfallsrichtung bestimmt werden.

Einfach gebaute Augen finden sich bei vielen niederen Tieren,

Zur Feststellung der Sinnesleistungen eines Tieres bedient man sich besonders Konditionierungsversuchen und Experimenten, in denen die Parameter natürlicher Sinnesreize kontrolliert verändert werden.

Durch solche Versuche ließ sich z. B. nachweisen, daß *Fische* ihre Körperlage nach Licht- und Schwerkraftreizen einstellen. Im Zentrifugenversuch (Abb. rechts) ergibt sich, daß sich der Fisch jeweils in Richtung der Resultanten zwischen Schwerkraft- und Lichteinfallsrichtung einstellt (Abb. unten).

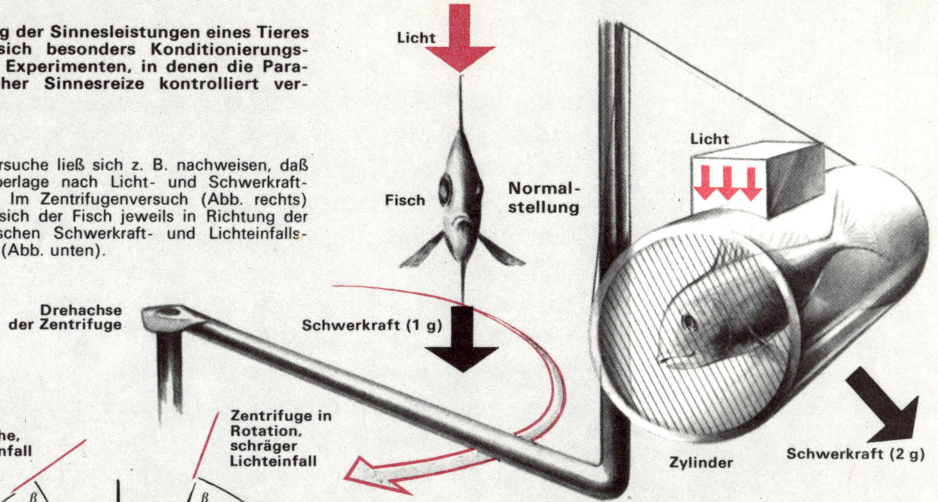

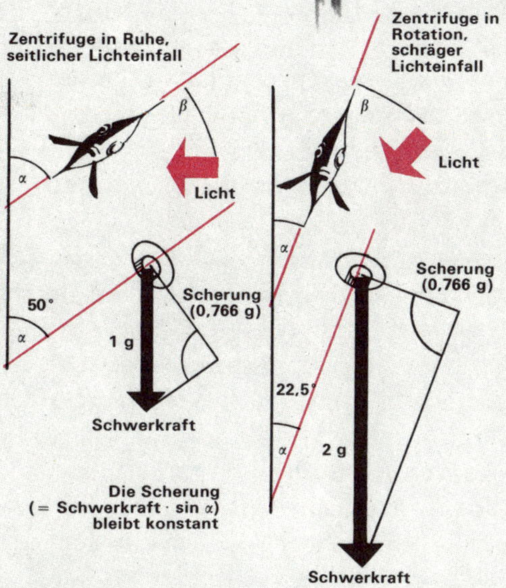

Der adäquate Reiz für das Schweresinnesorgan ist die Abbiegung der Sinneshaare durch die Scherung des Statolithen auf dem Sinnespolster.

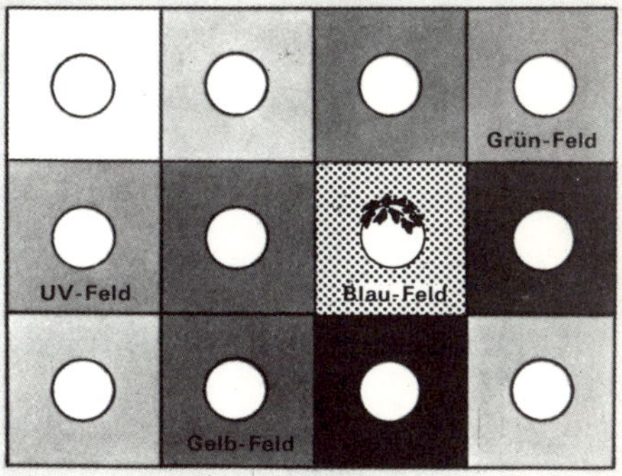

Farbensinn von Bienen
Durch Konditionierung einer Dressur läßt sich ein interessantes Experiment zum Nachweis des *Farbensinns von Bienen* durchführen. Auf jedem der 12 verschiedenen Grau- bzw. Farbfelder (Abb. rechts) steht ein Schälchen mit Wasser. Auf dem gepunkteten (im Versuch blauen) Feld enthält das Schälchen Zuckerwasser. Nachdem die Bienen »gelernt« haben, daß auf diesem Feld Futter ist, werden alle Schälchen bzw. nur das Futter entfernt. Trotzdem fliegen die Bienen weiterhin das blaue Feld an, selbst wenn dieses nachträglich verschoben wird (keine Ortsdressur!): Bienen können Farben untereinander und von subjektiv gleich hellen Grauwerten unterscheiden mit einer Ausnahme: Im Rotbereich sind sie blind, d. h., die »Menschenfarbe« Rot erscheint für sie schwarz.

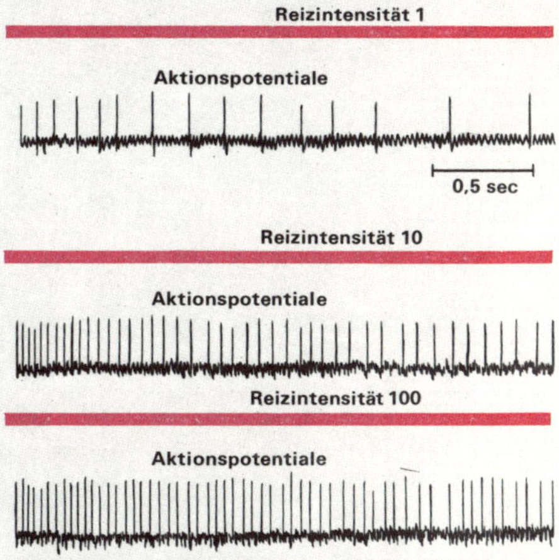

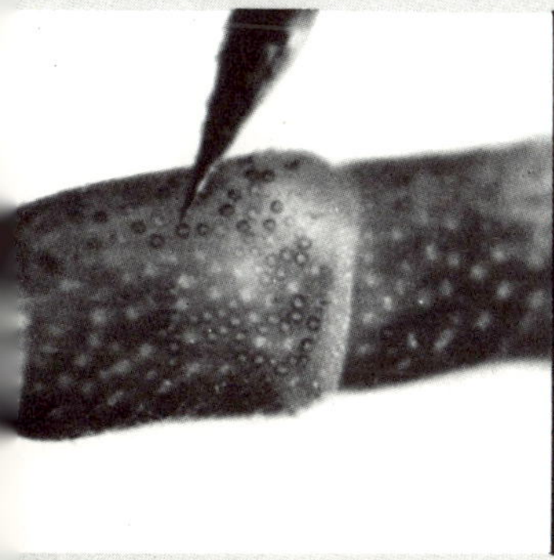

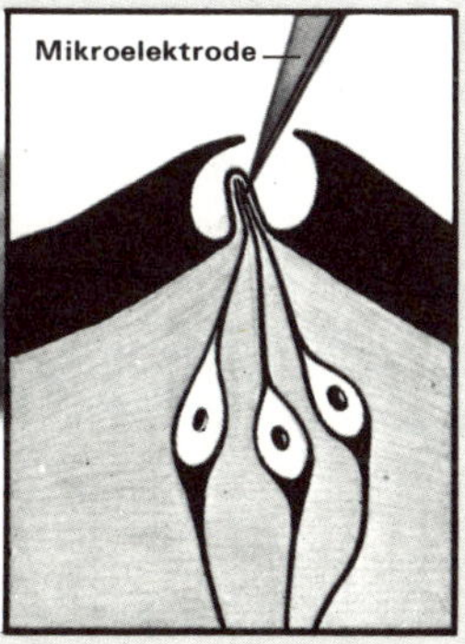

Mittels sehr feiner Elektroden lassen sich die Aktionspotentiale von Sinneszellen registrieren. Abb. links zeigt eine Mikroelektrode aus elektrolytisch angespitztem Wolframdraht, die am Rande eines Riechhaares in eine Grube auf dem Fühler (Antenne) einer *Wanderheuschrecke* eingestochen ist. Die Umrisse der Gruben, in denen die Kegel stehen, sind in dem Photo (ganz links) als dunkle Ringe erkennbar. Die hellen Flecken sind Basen von Haarsensillen anderer morphologischer Typen. Die Registrierungen (Abb. oben) zeigen den Verlauf der Erregung bei verschiedenen Reizintensitäten.

Vgl. Abb. Seite 72

z. B. Strudelwürmern. Hier liegt eine Sehzelle oder eine Reihe von Sehzellen mit büschelartigen Fortsätzen in einer Grube direkt unter der Haut. Die Grube ist zum Teil mit Pigment abgeschirmt. Auch hier gelangt das Licht nur aus einer bestimmten Richtung zum lichtempfindlichen Teil des Organs.

Mit höher entwickelten Augen und der entsprechenden nervösen Auswertungsapparatur sind Tiere in der Lage, Farben und Formen zu unterscheiden, Entfernungen zu messen und Bewegungen wahrzunehmen. Lichtmuster sind eine wesentliche Orientierungshilfe. Viele Fische, Vögel, Insekten, Krebse, Tintenfische usw. können sich nach Helligkeitsmustern am Himmel (Sonne und andere Gestirne) orientieren.

Im Laufe der Stammesgeschichte haben sich einige Bauprinzipien als besonders erfolgreich erwiesen: das Kameraauge der Wirbeltiere und das Facettenauge der Gliederfüßer; dazu das Kameraauge der Tintenfische, welches im Bau der lichtbrechenden Strukturen dem Auge der Wirbeltiere ähnelt, im Bau der Retina mehr dem der Gliederfüßer.

Vgl. Abb. Seite 72

Eine eindrucksvolle Vorstufe des Kameraauges, eine echte Camera obscura, finden wir bei einfach gebauten Kopffüßern. Es ist eine mit dunklem Pigment ausgekleidete kugelige Kammer mit einer Schicht von Sehzellen im Hintergrund und vorne einem kleinen Loch. Durch Lichtbeugung an den Rändern der Öffnung entsteht auf der Sehzellschicht das lichtschwache und etwas unscharfe umgekehrte Bild des Gegenstands. Dieses Kameraprinzip wurde mehrfach im Tierreich durch Anlage eines dioptrischen Apparats zur Bildentwerfung und Lichtsammlung ausgebaut, nämlich von Wirbeltieren, Mollusken und Stachelhäutern.

Augen der Wirbeltiere. Der *dioptrische Apparat* des menschlichen Auges ist ein zusammengesetztes optisches System. An den sphärisch gekrümmten Grenzflächen der Hornhaut tritt ein Lichtstrahl aus dem optisch weniger dichten (schwächer lichtbrechenden) Medium Luft vom Brechungsindex 1 in ein Medium höherer Lichtbrechung (Brechungsindex der Hornhaut: 1,37). Von dort gelangt das Licht über die Augenkammer zur Linse (Brechungsindex: 1,40) und durch den Glaskörper zu den Sehzellen. So entsteht auf dem Sehzellraster im Augenhintergrund ein umgekehrtes Bild eines Objekts durch Strahlenvereinigung nach den Gesetzen der geometrischen Optik. Die optisch wichtigste Rolle

Vgl. Abb. Seite 72

spielt dabei der Übergang an der Grenze zwischen Medien besonders unterschiedlicher Brechkraft, bei luftlebenden Tieren der Übergang Luft–Hornhaut. Bei Fischen spielt der Übergang Wasser–Hornhaut eine kleinere Rolle; hier ist aber die Linse mit einem Brechungsindex von 1,65 besonders stark lichtbrechend. Zum Vergleich sei erwähnt, daß Kron- und Flintglas, aus denen photographische Objektive hergestellt werden, Brechungsindizes zwischen 1,51 und 1,61 aufweisen.

Die *Schärfentiefe* des Auges reicht nicht aus, um gleichzeitig weit entfernte und nahe Gegenstände scharf auf den Sehzellen abzubilden; für das räumliche Sehen und das Entfernungssehen wäre das sogar unerwünscht. So muß, wie bei einer Kamera, durch Veränderung der Brennweite auf verschiedene Entfernung scharf eingestellt werden. Dazu haben Vögel und Säugetiere verformbare *Linsen*, echte Gummilinsen, entwikkelt. Rings am Linsenrand sind feine Bindegewebsfäden angeheftet (Zonulafasern), welche durch Zug die elastische Linse dauernd in etwas abgeflachtem Zustand halten; das Auge eines Menschen ist in dieser Stellung auf „fern“ eingestellt. Die kleinen, sehr präzise arbeitenden Ziliarmuskeln können nun den Zonulafasern derart entgegenarbeiten, daß deren Zug auf die Linse nachläßt: Die Linse zieht sich radial zusammen und wird dicker, d.h. stärker lichtbrechend, das Auge wird auf „nah“ eingestellt. Den Vorgang dieser Einstellungen bezeichnet man als *Akkommodation.* Bei Fischen ist die Linse nicht elastisch und in der Ruhelage auf „nah“ eingestellt. Zur Fernakkommodation wird sie mit Hilfe eines Muskels im Auge gegen die Netzhaut gezogen, ein Fokussieren durch Bewegung der Linse längs der optischen Achse, wie bei einem Photoapparat. Beim Menschen nimmt die Elastizität der Linse im Laufe des Lebens ab, sie kann sich nicht mehr zusammenziehen; daher benötigen ältere Menschen zum Scharfsehen nahe gelegener Objekte (beim Lesen) im allgemeinen eine Brille mit Sammellinse. Kurz- und Weitsichtigkeit hängen meist mit dem Bau des Augapfels zusammen. Im ersten Fall ist der Abstand Hornhaut–Sehzellen zu lang und muß durch Zerstreuungslinsen korrigiert werden; im zweiten Fall ist der Abstand zu kurz, die Korrektur erfolgt durch Sammellinsen.

Vgl. Seite 89

Für die Korrektur der sphärischen Aberration (größere Brechkraft einer Linse am Rande) sind Hornhaut und Linse mit geringerer Krümmung im Randbereich versehen. Die

AUGENTYPEN

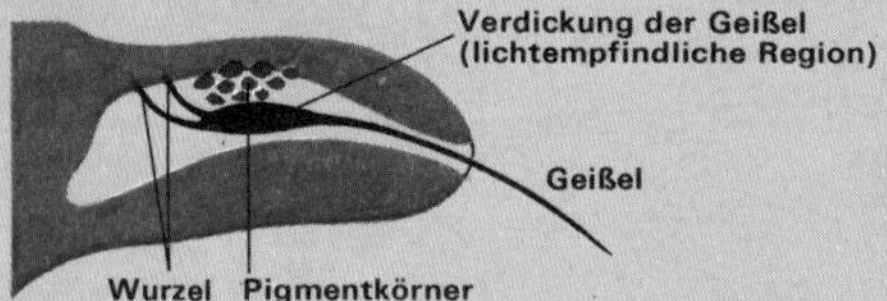

»Augenfleck« eines Geißeltierchens

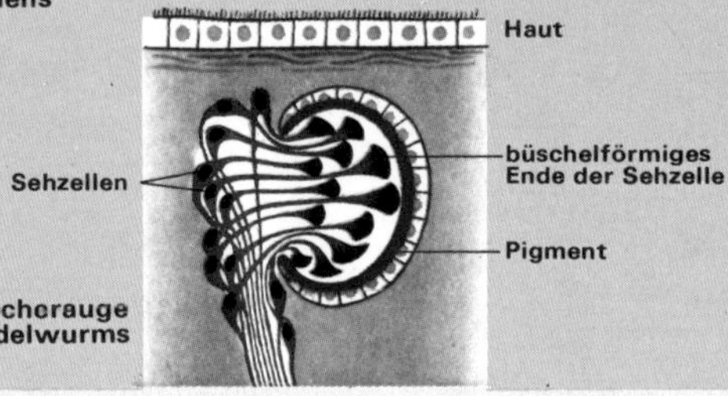

Becherauge eines Strudelwurms

Nautilus-Auge

Eine niedrige Entwicklungsstufe eines »Lichtsinns« finden wir z. B. bei *Geißeltierchen* (Abb. oben links). Die lichtempfindlichen Strukturen sind so von Pigmentkörnern »abgeschirmt«, daß sie nur Licht aus einer bestimmten Richtung empfangen. Abb. links zeigt das *Becherauge* eines *Strudelwurms*, bestehend aus Sehzellen mit büschelartigen Fortsätzen in einer Grube unter der Haut. Das Auge eines primitiven *Tintenfisches* (Abb. oben) stellt bereits eine Vorstufe des *Kameraauges* der höheren Tiere dar. Das Bild auf der Sehzellschicht kommt wie bei einer Camera obscura durch Beugung des Lichts am Rand der Augenöffnung zustande.

Die Lichtsinnesorgane befähigen die Tiere, auf elektromagnetische Wellen eines bestimmten Spektralbereichs (sichtbares Licht, bei einigen Tieren auch UV- bzw. Infrarotbereich) zu reagieren. Sie dienen im wesentlichen der Orientierung, dem Nahrungserwerb und der Feinderkennung. Die Lichtsinnesorgane sind im Tierreich in einer Vielfalt verschiedener Formen vertreten, die im einfachsten Fall ein Hell-Dunkel-Sehen bzw. bereits ein Richtungserkennen ermöglichen. Die höchste Stufe der optischen Sinnesleistungen, Bild- und Formsehen bzw. Farbensehen, finden wir bei den hochentwickelten Linsenaugen der Wirbeltiere und Tintenfische und den Komplexaugen der Gliederfüßer.

Der Horizontalschnitt durch ein *menschliches Auge* (Abb. rechts) zeigt den Bau und die optischen Elemente des Linsenauges. Ein in das Auge einfallendes Lichtbündel wird zunächst an der *Hornhaut* gebrochen, gelangt durch die *Augenkammer* zur *Linse*, wird hier erneut gebrochen und fällt dann durch den *Glaskörper* auf das Sehzellraster der *Netzhaut (Retina)*, auf dem ein umgekehrtes, reelles Bild des Objekts entsteht. Durch am Linsenrand angreifende, fein arbeitende Muskeln kann die Dicke der Linse stufenlos verändert und das Auge damit auf verschiedene Entfernungen eingestellt werden.

menschliches Auge (Horizontalschnitt)

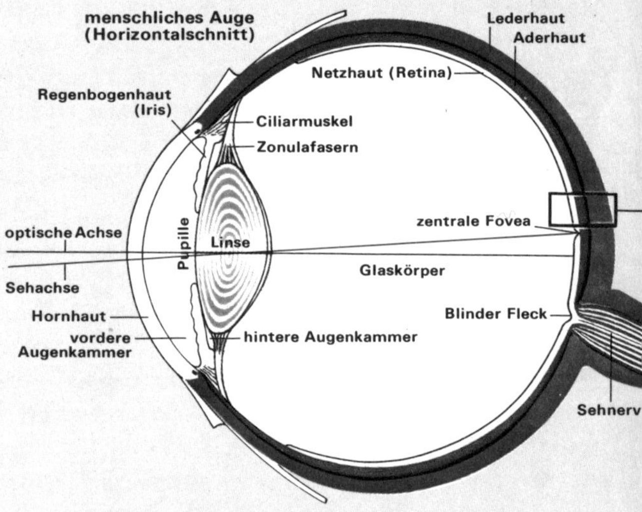

Strahlengang im Auge

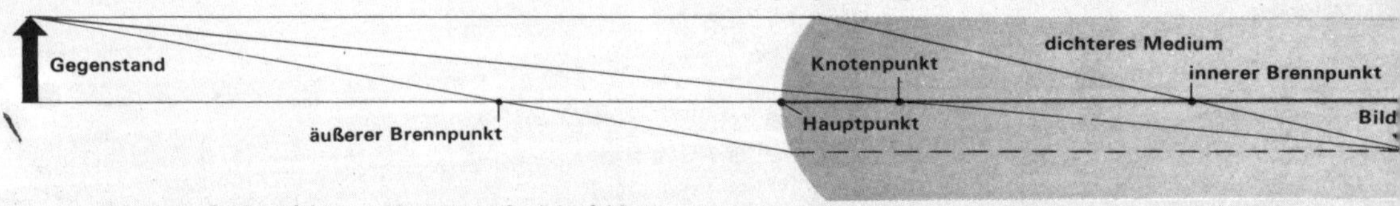

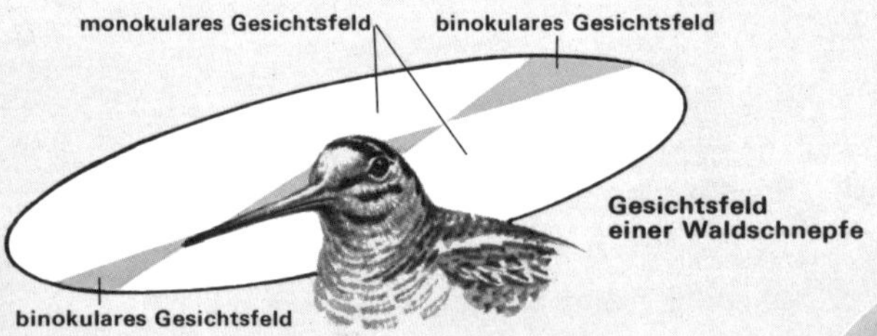

Gesichtsfeld einer Waldschnepfe

Die Größe des Gesichtsfelds hängt u. a. von der Art und Stellung der Augen im Kopf ab. *Waldschnepfen* können hinter dem Kopf gelegene Objekte ohne Kopfwendung binokular fixieren (Abb. links). Abb. links unten zeigt das monokulare (weiß) und binokulare (rot) Gesichtsfeld eines Wasserfrosches. Der nicht überblickbare Raum ist schwarz markiert. Abb. unten: Gesichtsfeld eines Menschen.

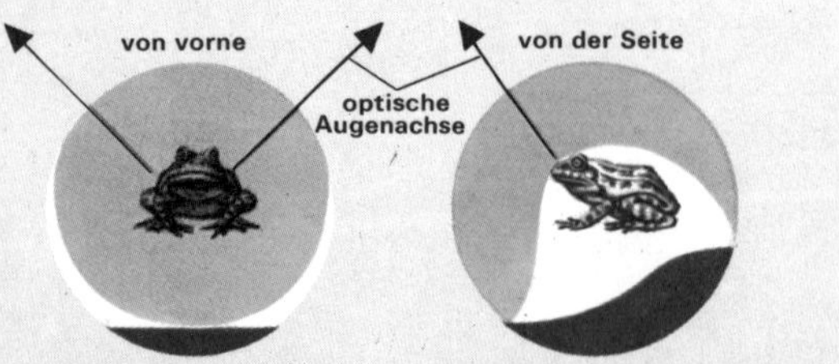

Gesichtsfeld eines Wasserfrosches (auf Kugel projiziert)

Gesichtsfeld des Menschen bei Geradeaussehen

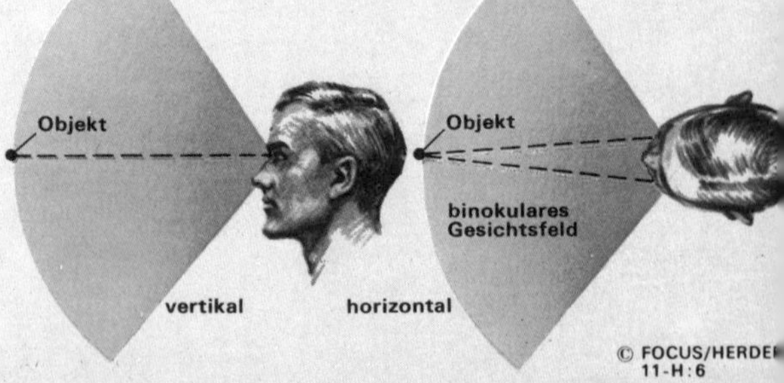

RETINA

Die hintere Innenfläche des Augapfels wird von der Netzhaut (Retina) ausgekleidet, in der die lichtempfindlichen Sehzellen liegen. Die nur ca. 0,4 mm dicke Retina setzt sich aus einer Vielzahl von Sehzellen zusammen, bei denen z. B. beim Menschen zwei Typen unterschieden werden können: die schlanken, langgestreckten Stäbchen und die etwas kürzeren und dickeren Zapfen.

Die *Zapfen* und *Stäbchen* sind gruppenweise über Verbindungsneurone auf verschiedene Ganglienzellen verschaltet, deren Ausläufer als Sehnervenfasern zum Gehirn ziehen. Nur in der *Fovea (Sehgrube)*, der Stelle der größten Rasterdichte und des höchsten Auflösungsvermögens, ist jede Sehzelle durch eine eigene Bahn mit dem Gehirn verbunden. Die Netzhaut mit ihren über 100 Millionen Sehzellen und den zahlreichen quer und längs verlaufenden Nervenleitungen stellt sich als ein außerordentlich kompliziertes Netzwerk dar, aus dem die Abb. unten einen schematischen Ausschnitt zeigt. Man beachte, daß das Licht erst nach Durchdringen der transparenten Schicht aus Nervenzellen und -leitungen auf die Sehzellen fällt. Das Photo rechts zeigt einen Ausschnitt aus der Retina eines Rhesusaffen (P = Pigmentepithel, Z = Zapfen, S = Stäbchen, G = Ganglienzellen, G_1 = Verbindungsneurone zwischen Seh- und Ganglienzellen, S_1 = Sehnervenfasern).

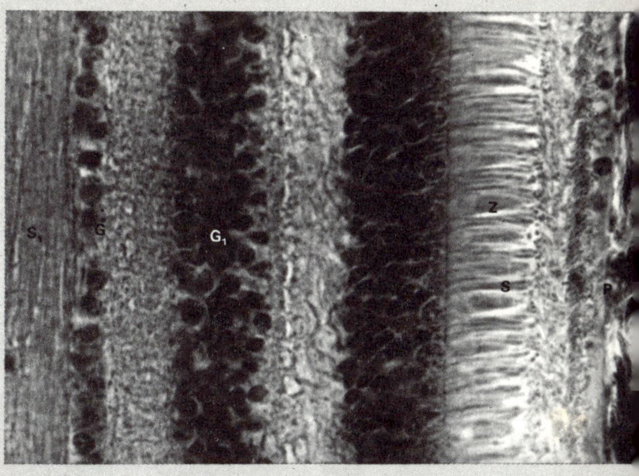

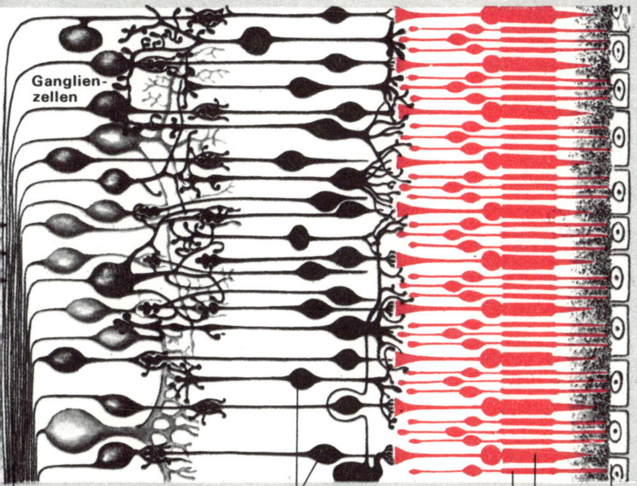

Retina des menschlichen Auges

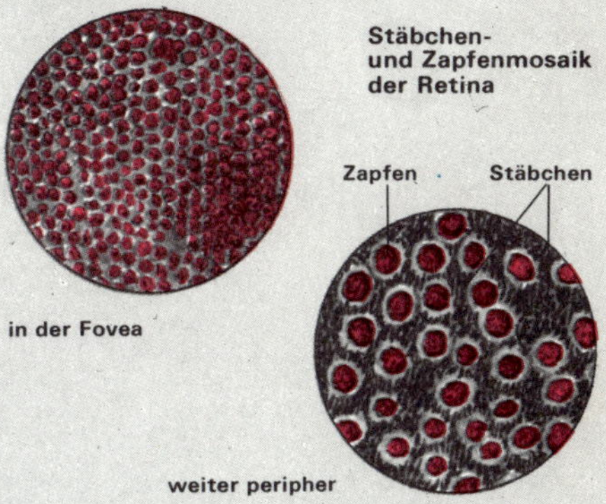

Stäbchen- und Zapfenmosaik der Retina

Die Sehzellen sind ungleichförmig über die Netzhaut verteilt. So finden sich in der *Fovea* pro mm² über 100 000 kleine, sehr eng nebeneinanderliegende Zapfen. Außerhalb der Fovea stehen größere Zapfen und Stäbchen (Abb. oben). An der Peripherie der Netzhaut befinden sich nur Stäbchen. Während die Zapfen dem Farben- und Hell-Dunkel-Sehen bei Tageslicht dienen, werden die nicht farbempfindlichen Stäbchen für das Hell-Dunkel-Sehen bei schwacher Beleuchtung eingesetzt. Beim Fixieren eines Gegenstands wird das Auge durch Kopfdrehung bzw. entsprechende Einstellung der Augenmuskeln so ausgerichtet, daß das Bild auf die Netzhautregion größter Auflösung (Fovea) fällt.

Das Auge der hochentwickelten *Tintenfische* (Abb. unten) enthält eine zweigeteilte Linse. Im Gegensatz zum Wirbeltierauge ist die Sehzellschicht dem durch die Linse einfallenden Licht direkt zugänglich. Die *Rhabdomere* von je vier Sehzellen setzen sich zu einem *Rhabdom* zusammen. Die *Mikrovilli* an den Rhabdomeren von je zwei einander gegenüberliegenden Sehzellen haben gleiche Orientierung (Abb. rechts).

Ausschnitt aus der Retina eines Tintenfisches

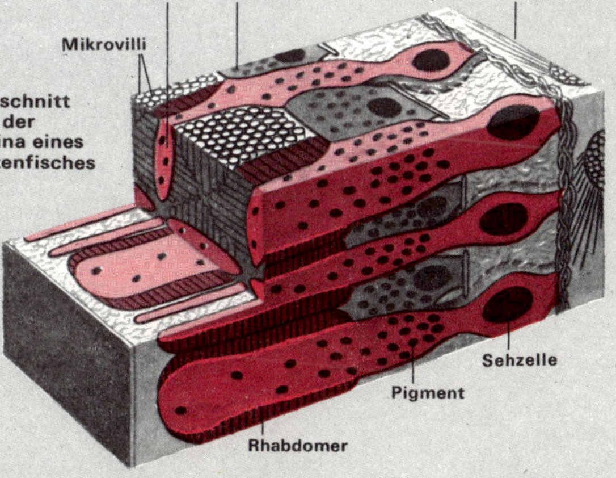

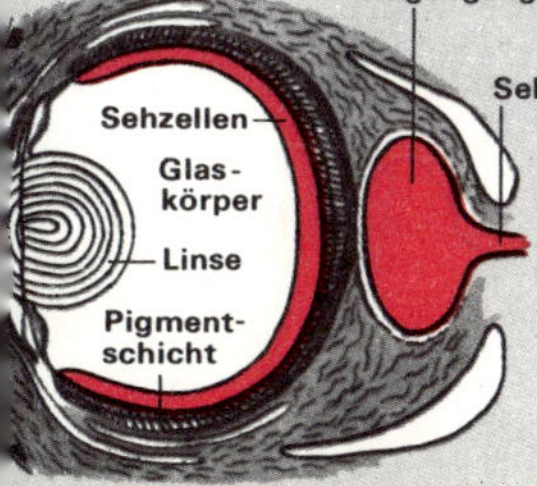

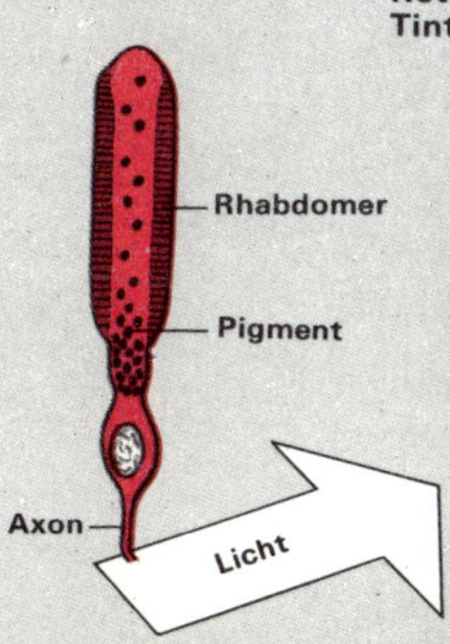

Linse ist zusätzlich derart aus schalenförmigen Lagen zusammengesetzt, daß die Brechkraft zentral sogar größer ist als am Rande. Die Brechkraft (1 : Brennweite in Metern) wird in Dioptrien gemessen; ein System von 1 m Brennweite hat die Brechkraft 1 : 1 m = 1 Dioptrie, bei 5 cm Brennweite 1 : 0,05 m = 20 Dioptrien. Die Gesamtbrechkraft des menschlichen dioptrischen Apparats beträgt 59 Dioptrien. Die Akkommodationsweite beim jungen Menschen erreicht ca. 25 Dioptrien und umfaßt damit den für das plastische Sehen besonders wichtigen Bereich zwischen 25 cm und einigen Metern Entfernung, dem unmittelbaren Aktions- und Arbeitsbereich der Hände und Beine. Zum Betrachten sehr kleiner Gegenstände müssen wir mit Hilfe einer Lupe eine Vergrößerung des Sehwinkels erreichen. Insekten sehen Gegenstände im Bereich ihrer Extremitäten scharf, bei Fliegen sind das etwa 5–6 mm. Der Akkommodationsbereich einiger Tiere, die sowohl im Wasser als auch an der Luft leben (z. B. Schildkröten), umfaßt über 100 Dioptrien.
Durch Vergrößerung der gekrümmten Eintrittsfläche für das Licht (der Hornhaut) wird bei gleicher Brennweite mehr Licht ins Auge gelenkt. Die großen Augen von Eulen und Nachtaffen wirken deutlich als lichtsammelnde Apparate. Brechkraft und Größe der brechenden Oberfläche bestimmten auch das Gesichtsfeld des Auges.
Die Öffnung des optischen Systems *(Pupille)* wird durch die mit Hilfe feiner Muskeln verstellbare *Irisblende* (Regenbogenhaut) reguliert. Bei höheren Wirbeltieren läuft ein Teil der Meldung der Sehzellen zum Gehirn in ein kleines motorisches
Vgl. Seite 42
Zentrum für die Steuerung der Irismuskeln. Auf diese Weise wird die Pupille „automatisch" bei hellem Licht verkleinert, bei Dämmerung vergrößert (Auf- und Abblenden). Die Irismuskeln von Fischen und Amphibien sind lichtempfindlich und regulieren ohne Zwischenschaltung direkt die Größe der Pupille je nach Lichteinfall. Dadurch werden die empfindlichen Sehzellen vor zu starkem Lichteinfall geschützt, ihre
Vgl. Seite 64
Kennlinie bleibt den äußeren Lichtverhältnissen angepaßt. Abblendung steigert natürlich ebenso die Schärfentiefe; sie bewirkt eine Verkleinerung der Zerstreuungskreise von Objekten, die nicht in der Brennebene abgebildet sind. Beim Menschen ist die Pupillenöffnung im Bereich zwischen 2 und 7,5 mm Durchmesser regulierbar; das entspricht einem Bereich der durchgelassenen Lichtmenge zwischen 1 und 12. Die Lichtstärke des Auges beträgt bei voller Öffnung

(7,5 mm) und einer vorderen Brennweite von 17 mm etwa 1 : 2,3; bei sehr guten Kameras wird mehr als 1 : 1,5 erreicht. Die Apertur (Verhältnis von Öffnung zu Brennweite) und der Brechungsindex sind maßgebend für die Bildhelligkeit: daher sind die Augen von Lufttieren meist bildheller als die von Wassertieren, die von Nachttieren bildheller als die von Tagtieren.

Die Retina

Die Retina der Wirbeltiere enthält sowohl die *Sehzellen* als auch verarbeitende *Nervenzellen*. An den Sehzellen sind drei Abschnitte zu unterscheiden: 1. der basale Teil mit dem Zellkern sowie einem Fuß mit synaptischen Verbindungen zu den nachgeschalteten Nervenzellen; 2. das Innenglied mit Mitochondrien und anderen wichtigen Zellorganellen; 3. das Außenglied, welches in dicht gepackten Membranfalten einige tausend Moleküle des Sehfarbstoffs enthält. Im Laufe der Embryonalentwicklung kommen die Außenglieder nach innen zu liegen. Das Licht muß erst durch die (durchsichtigen) Nervenzellen und -fasern sowie die Innenglieder treten, bevor es die lichtempfindlichen Abschnitte der Sehzellen erreicht.

Vgl. Abb. Seite 73

Sehzellen haben einige µm Durchmesser und sind ca. 50 µm lang. Man unterscheidet schlanke, langestreckte *Stäbchen* und gedrungene *Zapfen* mit etwas kürzerem Außenglied. In der menschlichen Retina finden sich etwa 10^8 Stäbchen und 10^6–10^7 Zapfen. Einige Wirbeltiere haben nur Zapfen in ihrer Netzhaut (z. B. Eidechsen), manche nur Stäbchen (z. B. Fledermäuse). Die Dichte der Sehzellen – die für die Bildauflösung maßgebliche Rasterdichte – beträgt im Bereich schärfster Auflösung (Fovea) im Menschenauge etwa 160 000 Sehzellen pro mm^2, beim Höhlenmolch mit schwach entwickeltem Sehvermögen 2500 pro mm^2, bei gut sehenden Greifvögeln (Bussard) bis zu 1 000 000 pro mm^2. Ein sehr feiner Raster bedingt viele kleine Sehzellen, die aber dann nicht so viel Sehfarbstoff zum Auffangen von Licht enthalten können; die Lichtausbeute müßte mit steigender Rasterdichte abnehmen. Eine größere Öffnung der Pupille kann dies aber nicht ganz ausgleichen, denn dann nähme die Schärfentiefe ab. So bleibt nur die Lösung, das Objekt möglichst groß auf der Retina abzubilden. Katzen z. B. haben im Vergleich zur Körpergröße eine viel größere Retinafläche als etwa Schweine.

Schemadarstellung eines Stäbchens aus der Netzhaut eines Wirbeltiers. A = Außenglied mit Membranstapeln, die dicht mit Sehfarbstoff besetzt sind, I = Innenglied, K = Zellkern, S = Synaptische Region. (AUS STIEVE)

Anschließend an die Sehzellen (optisch vor ihnen) liegen die Nervenzellen der Retina. Über viele Längs- und Querverbindungen wird die Erregung der Sehzellen in komplizierter

Weise auf die großen Ganglienzellen verschaltet, deren Axone als Sehnervenfasern zum Gehirn ziehen. Im Durchschnitt sind etwa 100–1000 Sehzellen auf eine Ganglienzelle verschaltet; allerdings läuft die Erregung einer Sehzelle oft zu mehr als einer Ganglienzelle. In einem bevorzugten Gebiet der Retina, der *Area centralis* (etwas entfernt vom Austritt des Sehnervs), liegen beim Menschen besonders viele Zapfen für das Sehen bei heller Beleuchtung und das Farbensehen. In dieser Zone empfängt eine Ganglienzelle die Nachricht von nur wenigen oder nur einer Sehzelle. Die Meldungen einzelner Sehzellen werden individuell zum Gehirn durchgeleitet; der Empfangsraster ist auch in der zentralen Verarbeitung

Vgl. Abb. Seite 72

sehr fein. Das Zentrum dieses Retinagebiets nennt man Sehgrube *(Fovea)*. Hier weichen die sonst über den Sehzellen liegenden Nervenzellen und -fasern seitlich aus, so daß das Licht direkt aus dem Glaskörper in die Sehzellen eintritt. Beim genauen Betrachten eines Gegenstands wird bei allen Tieren mit einer Fovea das Auge durch Augenmuskeln oder Kopfdrehungen so eingestellt, daß das Bild auf die Fovea fällt *(Fixieren)*, also auf die Region bester Auflösung. Greifvögel besitzen zwei Foveen in jedem Auge; zum beidäugigen Fixieren benützen sie die lateral liegenden, da nur deren Gesichtsfelder sich überschneiden und so ein räumliches Sehen ermöglichen. Durch besondere lichtbrechende Eigenschaften wirkt das Gewebe um die Foveen dieser Vögel als Zusatzlinse, durch welche das auffallende Bild noch einmal nachvergrößert wird, was die Auflösung entsprechend erhöht.

Hinter der Sehzellschicht schirmt eine Lage dunklen Pigments das Auge gegen Seiten- und Streulicht ab. Bei einigen Tieren (z. B. Nachtraubtieren und Fischen) liegt zwischen Sehzell- und Pigmentschicht eine Lage stark reflektierenden Materials, ein *Tapetum*. Bei Fischen besteht es aus Guaninkristallen. Alles Licht, das durch die Sehzellen tritt, ohne vom Sehfarbstoff absorbiert zu werden, wird von diesem Tapetum wieder in die Sehzellen zurückgeschickt. Katzen haben ein gelblich reflektierendes Tapetum, welches bei Nacht einfallendes Licht durch die weit geöffnete Pupille gut sichtbar zurückspiegelt. Der ganze Augapfel ist bis auf die Hornhaut von einer sehr zähen und dicken bindegewebigen Schutzhülle umgeben.

Die von beiden Augen überstrichenen *Sehräume* sind je nach Augenkonstruktion und Lage im Kopf recht unterschiedlich. Bei parallel nach vorne stehenden Augen ergibt sich für den Menschen ein binokulares Gesichtsfeld für räumliches Sehen von ca. 220°, für das Einzelauge ein Bereich von je 104° in der Horizontalen. Die Augen der Raubtiere stehen stark nach vorne gerichtet; der binokulare Bereich ist ebenfalls groß. Bei Tieren mit vielen Raubfeinden, z. B. Mäusen, stehen die Augen seitlich am Kopf, das Gesichtsfeld geht weit nach hinten. Manche Vögel, z. B. Schnepfen, können Gegenstände binokular fixieren, welche hinter dem Kopf liegen. Eine Erweiterung des Gesichtsfelds ergibt sich durch Augenbewegungen. Chamäleons können ihre Augen unabhängig voneinander (auch in entgegengesetzte Richtung) jeweils um 90° in der Vertikalen und um 180° in der Horizontalen drehen.

Vgl. Abb. Seite 72

Augen der Gliederfüsser. Die artenreichste Tiergruppe der Erde, die Gliederfüßer (es gibt allein ca. 1 Million Insektenarten), hat Augen ganz besonderer Konstruktion entwikkelt: Die *Komplex-* oder *Facettenaugen.*

Betrachtet man das Auge einer Schmeißfliege unter einer Lupe, so fallen sofort die vielen sechseckigen Facetten auf. Jede Facette ist die Oberfläche der Cornealinse eines der etwa 5500 Teilaugen, der sog. *Ommatidien,* aus denen das Komplexauge zusammengesetzt ist. Das Ommatidium ist eine funktionelle Untereinheit des Gesamtauges. Im Schnitt senkrecht zur Facettenfläche sieht man die Cornealinse, darunter einen lichtbrechenden, kristallartig durchscheinenden Apparat *(Kristallkegel),* der das Licht zu den Sehzellen leitet. Diese sind langgestreckte, einige μm dicke und bis zu 200 μm lange primäre Sinneszellen, die zu Paketen von 6–8 (manchmal neun) ringförmig um ein Zentrum stehen. Jede Sehzelle hat zu diesem Zentrum hin einen Saum aus röhrenförmigen Ausstülpungen der Zellmembran, das Rhabdomer, in dem sich der Sehfarbstoff befindet. Gewöhnlich wird der einzelne Rasterpunkt eines Gegenstandes im Gesichtsfeld durch Cornea und Kristallapparat scharf auf das äußere Ende des Rhabdomers abgebildet. Im Gegensatz zum Kameraauge wird im Komplexauge ein aufrechtes, seitenrichtiges Bild auf dem Sehzellraster entworfen. Um den Kranz der Sehzellen liegen *Pigmentzellen.*

Vgl. Abb. Seite 78

Die Axone der Sehzellen sind in den Augenganglien auf auswertende Neurone verschaltet. Wie bei Wirbeltieren liegen auch bei Gliedertieren Sehzellen und Ganglienzellen sehr nahe zusammen. Bei Insekten sind außerdem die direkt an

KOMPLEXAUGE

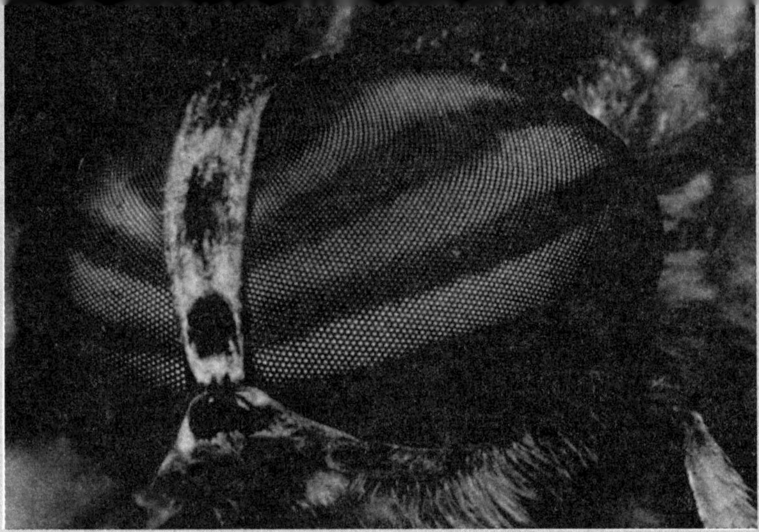

Völlig anders als das Linsenauge der höheren Tiere und des Menschen ist das Komplexauge der Gliederfüßer und einiger Weichtiere aufgebaut. Das Komplexauge (Facettenauge, Netzauge) besteht aus bis zu mehreren tausend dicht nebeneinanderliegenden Einzelaugen (Ommatidien), deren sechseckige Cornealinsen dem Auge das facettierte, wabenförmige Aussehen verleihen (Photo rechts: Komplexauge der Pferdebremse).

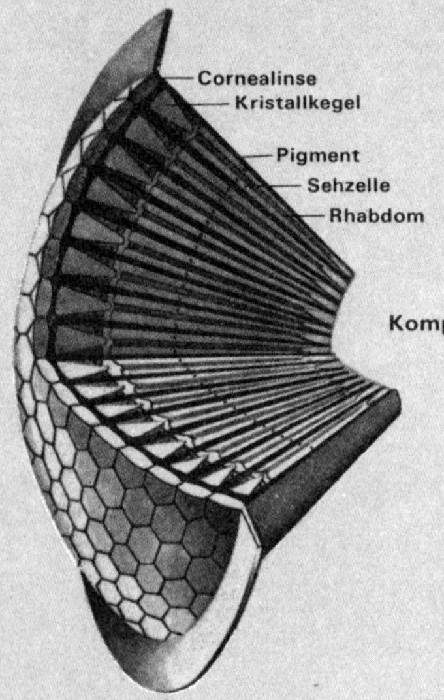

Komplexauge

Aufbau des Komplexauges
Das z. T. aufgeschnittene *Komplexauge* (Abb. links) läßt die Anordnung und innere Struktur der einzelnen *Ommatidien* erkennen. Die von außen sichtbare Fläche *(Facette)* eines Ommatidiums bildet die Oberfläche der *Cornealinse*, an die sich ein weiteres lichtbrechendes Element, der *Kristallkegel*, anschließt. Der Kristallkegel und die darauffolgenden langgestreckten Sehzellen sind von einer Pigmentschicht umgeben, welche die einzelnen Ommatidien vollständig *(Appositionsauge)* bzw. teilweise *(Superpositionsauge)* optisch gegeneinander isoliert. Jedes Ommatidium besitzt 6–8 stabförmige, um ein Zentrum angeordnete Sehzellen, deren jede einen Saum *(Rhabdomer)* von zum Zentrum hin orientierten Membranausstülpungen *(Mikrovilli)* aufweist.

1

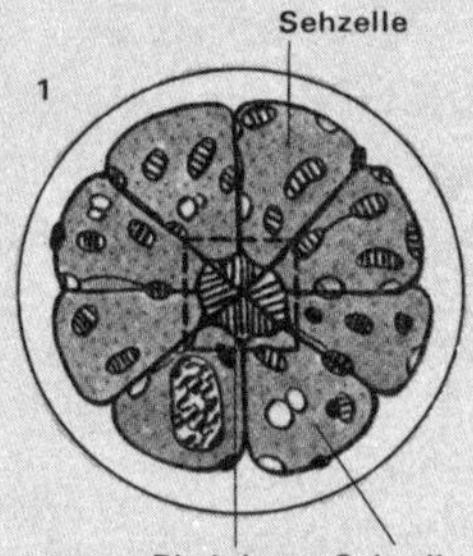

Ommatidium (Querschnitt)

Bei vielen Gliedertieren sind die Rhabdomere zu einem Sehstab (*Rhabdom*) vereinigt (Abb. 1 und 2). Abb. 3 zeigt Einzelrhabdomere aus dem Fliegenauge im elektronenmikroskopischen Querschnitt durch ein Ommatidium.

2

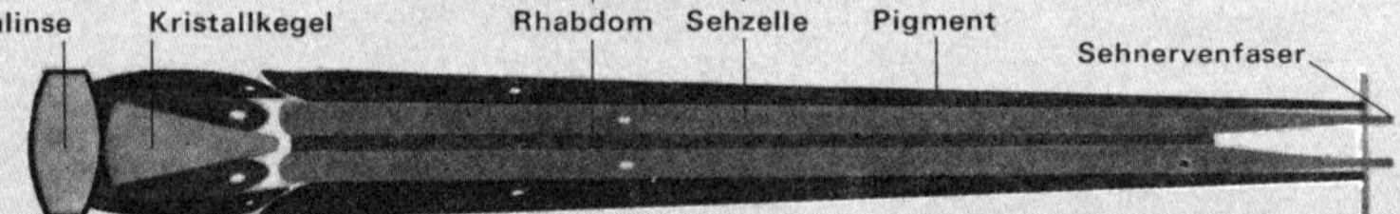

Ommatidium (Längsschnitt)

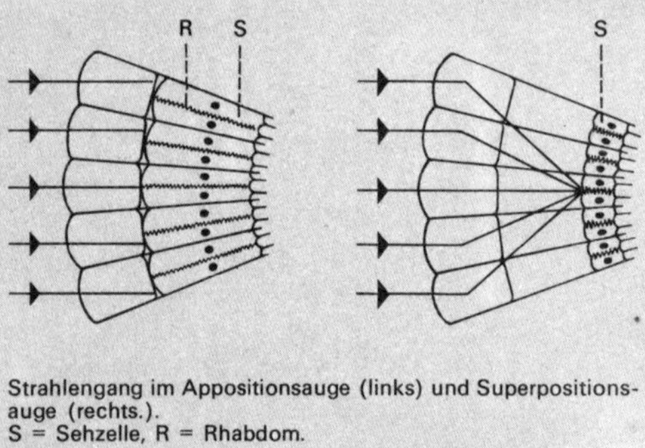

Strahlengang im Appositionsauge (links) und Superpositionsauge (rechts.).
S = Sehzelle, R = Rhabdom.

3

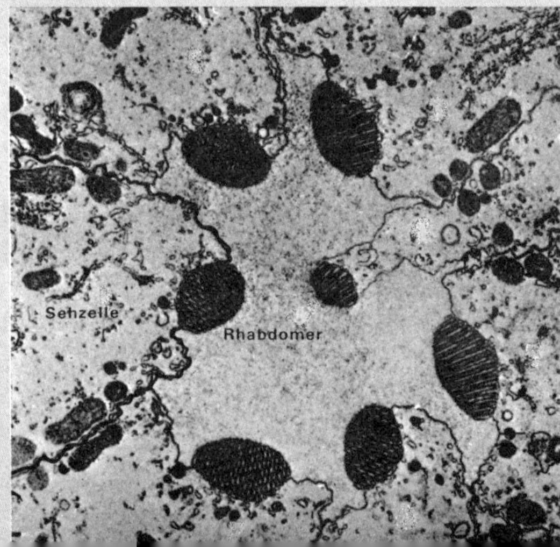

die Sehzellen anschließenden Ganglienzellen als Gehirnteil auszumachen, während bei Wirbeltieren die Ganglienzellen der Retina durch den Sehnerv mit dem Gehirn verbunden sind. Die Retina der Wirbeltiere ist jedoch, entwicklungsgeschichtlich gesehen, ein Gehirnteil, der Sehnerv also eine Verbindung zwischen Hirnteilen (ein sog. Trakt).

Bei Fliegen und Wanzen stehen die Rhabdomere der Sehzellen einzeln, bei Bienen, Heuschrecken, Krebsen u.v.a. sind sie zu einem Sehstab *(Rhabdom)* zusammengetreten. Bei den meisten Gliederfüßern sind die einzelnen Ommatidien durch die Pigmentzellen optisch voneinander isoliert, dieser Augentyp wird als *Appositionsauge* bezeichnet. Bei Nachtschmetterlingen, Leuchtkäfern und einigen Krebsen liegen die Sehzellen weit entfernt von der Cornea; das Pigment wandert bei schwacher Beleuchtung in Richtung Augenoberfläche. Dadurch kann Licht seitlich aus Nachbarommatidien in ein Ommatidium einfallen; die Lichtausbeute wird erhöht. Besondere, komplizierte Strahlengänge in den Cornealinsen ermöglichen dabei eine gute Abbildung der Umwelt auf den einzelnen Sehzellpaketen. Dieser Augentyp wird als *Superpositionsauge* bezeichnet.

Vgl. Abb. Seite 78
Vgl. Abb. Seite 78
Vgl. Abb. Seite 78

Der *Öffnungswinkel* (Gesichtsfeld) eines Ommatidiums ist durch die dioptrischen Eigenschaften gegeben. Im Appositionsauge wird Licht, welches innerhalb eines Winkels von 5–8° gegen das Lot einfällt, noch zu den Rhabdomeren geleitet; alles übrige Licht wird in der Pigmenthülle absorbiert. Da die optischen Achsen zweier Nachbarommatidien nur um 2–3° gegeneinander gekippt sind, überschneiden sich die Gesichtsfelder der Einzelaugen. Die *äußere Brennweite* eines Ommatidiums beträgt bei Fliegen etwa 55 µm; Gegenstände werden schon in einer Entfernung von einigen mm von der Augenoberfläche scharf auf dem Ansatz der Rhabdomere abgebildet. Der *Gesamtlichtfluß* durch die relativ kleine Öffnung eines Fliegenommatidiums ist gering, verglichen mit demjenigen durch die Irisöffnung des menschlichen Auges. Die Lichtmenge aber, die auf eine Sehzelle trifft, ist aufgrund der kurzen Brennweite und Besonderheiten des Strahlengangs z.B. im Fliegenauge relativ groß; die absoluten Helligkeitsschwellen von Fliegen und Menschen liegen bei ähnlichen Werten.

Das *Gesichtsfeld* ist je nach Stellung und Ausdehnung des Gesamtauges verschieden groß. Bremsen, Bienen und Libellen haben relativ große Augen, deren Gesichtsfelder sich in bestimmten Bereichen für binokulares Sehen überlappen. Auf den ersten Blick scheint durch die Aufrasterung eines Bildes beim Sehen mit einem Komplexauge ein starker Nachteil für die Sehschärfe und das Korn des Bildes zu entstehen. Das gilt allerdings nur für das ruhende Auge. Da aber die Augen der Insekten sehr rasch und gut Helligkeits- und damit Konturwechsel auflösen, können sie durch rasches optisches Abtasten der Umgebung viele Details verarbeiten und gut *Formen* erkennen.

Einfach gebaute *Einzelaugen* finden sich bei Spinnen, Insektenlarven und, zusätzlich zu den Komplexaugen, als Stirnozellen bei erwachsenen Insekten. Jagdspinnen besitzen ein ganzes Arsenal solcher Einzelaugen mit verschiedenen Brennweiten. Die kurzbrennweitigen Seitenaugen erfassen ein weites Gesichtsfeld. Fällt ein sich bewegender Gegenstand in das Gesichtsfeld dieser Seitenaugen, dreht sich das Tier rasch zu der betreffenden Seite und betrachtet das Objekt mit den langbrennweitigen Augen genauer.

Vgl. Abb. Seite 73

AUGEN DER KOPFFÜSSER. Der dioptrische Apparat dieses Augentyps (Kameraauge mit Linse) ist funktionell dem der Wirbeltiere recht ähnlich; es wird ein umgekehrtes Bild eines Gegenstandes auf der Retina am Augenhintergrund entworfen. Die Augen von Kopffüßern entstehen während der Individualentwicklung auf etwas andere Weise als bei den Wirbeltieren; die den Sehfarbstoff tragenden Abschnitte der Sehzellen sind dem Licht zugewandt. Anordnung und Bau der Sehzellen ähneln denen der Gliederfüßer. Jeweils vier Sehzellen steuern ihre Rhabdomere (s. o.) zu einem gemeinsamen Rhabdom bei; die Mikrovilli der Rhabdomere einander gegenüberliegender Sehzellen verlaufen in der gleichen Richtung. Beim Tintenfisch finden sich etwa 70 000 Sehzellen pro mm^2. Je nach äußerer Beleuchtungsstärke schirmt Pigment die Sehzellen mehr oder weniger ab; die Sehzellen können sich auch selbst zusammenziehen und ausdehnen. So ist entsprechend den Lichtverhältnissen stets ein optimaler Teil des lichtempfindlichen Apparats dem Reiz ausgesetzt. Die über weite Bereiche regulierbare Pupillenöffnung ist schlitzförmig.

SEHFARBSTOFFE UND PRIMÄRPROZESSE. Der Aufnahme des Lichtreizes dienen photolabile *Farbstoffe*, die bei Wirbeltieren in den Außengliedern der Stäbchen und Zapfen, bei wir-

Prismatische Zerlegung von weißem Licht in Spektralfarben

Weißes Licht, z. B. Sonnenlicht, läßt sich durch ein Prisma in Spektralfarben zerlegen. Der für den Menschen sichtbare Spektralbereich liegt zwischen ca. 400 und ca. 700 nm Wellenlänge (1 nm = 10^{-9} m) und ist nur ein kleiner Ausschnitt aus dem breiten Band der elektromagnetischen Wellen zwischen ca. 10^{-3} nm (γ-bzw. Röntgenstrahlen) und etwa 10^{13} nm (Radiowellen).

Abb. rechts zeigt die Absorption des Stäbchen-Sehfarbstoffs bei verschiedenen Wellenlängen und die etwa gleichartige Empfindlichkeitskurve des Dämmerungs-Sehapparats.

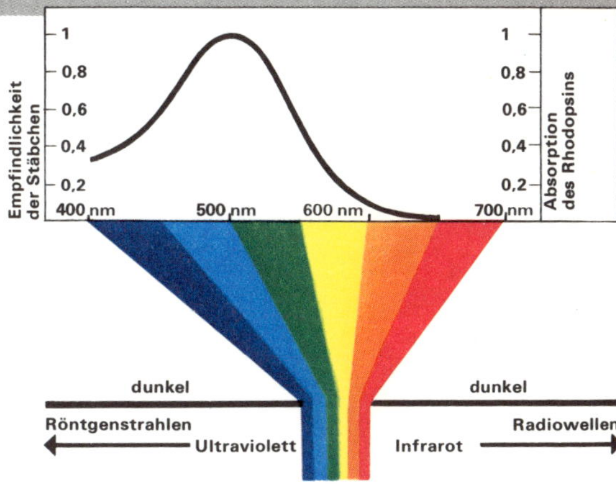

additive Farbmischung **subtraktive Farbmischung**

Durch *additive* bzw. *subtraktive Farbmischung* (Abb. links) lassen sich aus drei Grundfarben alle bekannten Farben mischen.

Nach der trichromatischen Theorie beruht das Farbensehen z. B. des Menschen auf dem Zusammenarbeiten von drei Zapfentypen in verschiedenen, einander aber überschneidenden Wellenlängen-(Farb-)Bereichen. Durch photometrische Messung des von den verschiedenen Zapfen absorbierten Lichts kann die spektrale Empfindlichkeit der drei Zapfentypen bestimmt werden (Abb. unten). Abb. rechts zeigt ein Verfahren zur Untersuchung des Farbsehsystems der *Honigbiene* und die Amplitude des Rezeptorpotentials von drei Bienen-Sehzelltypen, die in den Farbbereichen UV, Blau und Grün arbeiten.

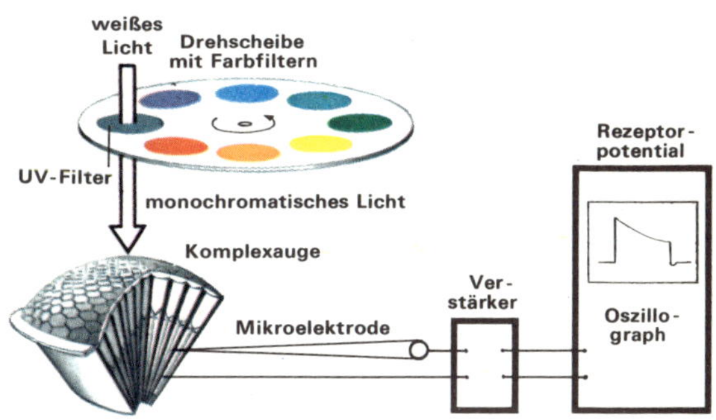

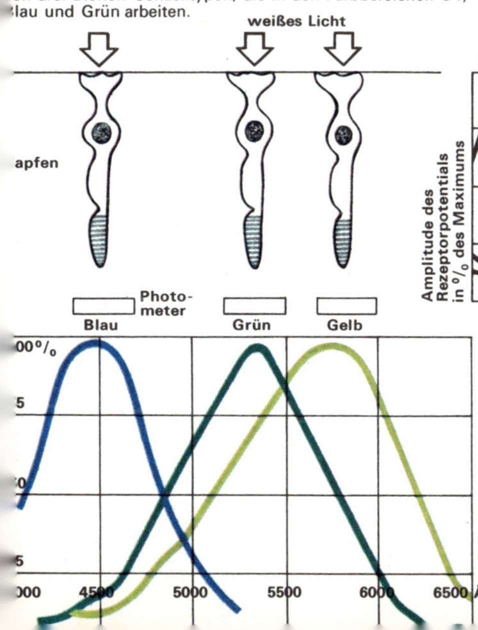

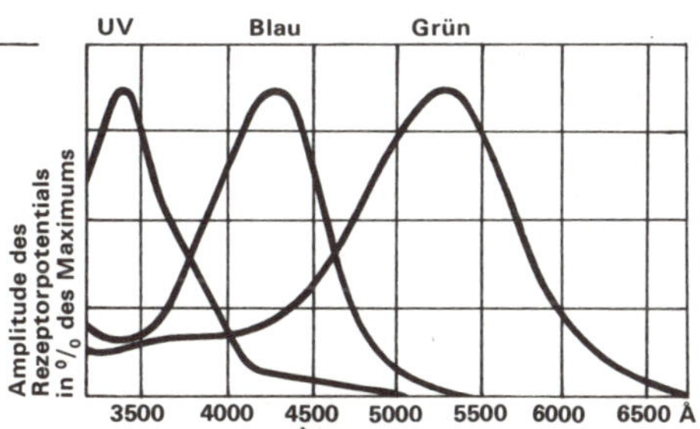

Abb. unten zeigt eine Blüte des *Fingerkrauts*, links durch ein Gelbfilter, rechts durch ein UV-Filter betrachtet. Die für den Menschen einheitlich gelbe Blüte zeigt für Bienen deutlich die sich gegen den UV-reflektierenden, für Bienen »purpurnen« Randbereich der Blüte abhebenden Saftmale.

bellosen Tieren in den Rhabdomeren der Sehzellen eingelagert sind. Alle bisher identifizierten Sehfarbstoffe bestehen aus einem Protein und einem daran gebundenen Derivat des Vitamins A.

Am besten bekannt ist das *Rhodopsin*, der rote Sehpurpur aus den Stäbchen der Säugetiere und Frösche. Sein farbgebender Bestandteil ist das 11-cis-Retinal, 1, der Aldehyd des Vitamins A_1, eines Stoffes, den Tiere nicht in ausreichendem Maße selbst aufbauen können, sondern mit der Nahrung aufnehmen müssen. Die cis-Konfiguration gibt dem Molekül die abgeknickte Gestalt; es ist in dieser Form über Schwefelbrücken an einen Eiweißkörper, das Opsin (Molekulargewicht je nach Schätzung etwa 30000), gebunden. Die Rhodopsinmoleküle bilden, dicht nebeneinandergepackt, zusammen mit Lipiden den Hauptbestandteil der Membran in den Außengliedern bzw. den Rhabdomeren der Sehzellen. Bei Lichteinfall absorbiert das Rhodopsin Lichtquanten. Dabei streckt sich das 11-cis-Retinal zum all-trans-Retinal und löst sich anschließend vom Opsin. Dieser Vorgang wird als der *Primärprozeß* des Sehens bezeichnet. Daran schließen sich noch weitgehend unbekannte Schritte an, die letztlich zur Bildung des Rezeptorpotentials führen. Man nimmt heute an, daß im Dunkeln über der Membran des Außengliedes der Stäbchen ein permanenter Na-Strom läuft, der eine Art Dauer-Depolarisation erzeugt, die durch Anwesenheit von Ca^{++}-Ionen abgeschwächt werden kann. Ca^{++}-Ionen werden bei Belichtung aus dem Inneren der mit Sehfarbstoff beladenen Membranen im Außenglied frei. Es erfolgt als Lichtreaktion eine Hyperpolarisation der Sehzelle. Retinal kann aus dem Umbau von Vitamin A nachgeliefert werden. Der Zellstoffwechsel liefert die Energie zur Rückgewinnung von Rhodopsin. Bei einigen wirbellosen Tieren konnte man nachweisen, daß mit Hilfe der Energie des ins Auge fallenden Lichtes unvollständig zerfallener Sehfarbstoff wieder resynthetisiert (reisomerisiert) werden kann.

Vgl. Abb. Seite 75

Umwandlung des Sehfarbstoff Rhodopsin bei Belichtung. P = Proteinkomponente (Opsin), R = Retinal, das aus der 11-cis in die all-trans Konfiguration übergeht und seine Position an P ändert.
(Aus STIEVE, nach verschiedenen Autoren)

Wie alle lichtempfindlichen Farbstoffe reagiert auch Rhodopsin aufgrund seines Molekülbaues nicht auf alle Wellenlängen gleich gut. Blaugrünes Licht der Wellenlänge 495 nm wird leichter absorbiert als das längerer oder kürzerer Wellenlängen. Das bedeutet aber, daß bei gleicher Zahl von Lichtquanten blaugrünes Licht die Stäbchen in höhere Erregung versetzt als rotes oder blaues. Dies stimmt gut damit überein, daß bei gleicher physikalischer (objektiver) Beleuch-

tungsstärke in der Dämmerung (bei der keine Farbunterscheidung, sondern nur Helligkeitsunterscheidung möglich ist) Licht der Wellenlängen um 500 nm dem Menschen subjektiv heller erscheint als Licht anderer Wellenlängen.
Einige Tiere besitzen Sehfarbstoffe, die speziell an die Lichtverhältnisse in ihrem Lebensraum angepaßt scheinen. *Tiefseefische* leben in einer Umgebung mit wenig rotem Licht, welches ja vom Wasser stärker absorbiert wird als blaues. Sie haben Sehfarbstoffe, deren Absorptionsmaximum um etwa 200 nm weiter im Blaubereich liegt als das der Sehfarbstoffe von Fischen, die näher an der Oberfläche leben.

FARBENSEHEN. In fast allen großen Gruppen der höheren Tiere (Säuger, Vögel, Fische und Insekten) haben einige Arten die Fähigkeit entwickelt, Licht verschiedener Wellenlängen zu unterscheiden. Menschen beispielsweise können mehrere hundert spektrale Farben unterscheiden. Die Möglichkeiten der *Farbtontunterscheidung* sind fast unbegrenzt (man schätzt auf mehrere hunderttausend), besonders wenn Farbtöne direkt nebeneinander verglichen werden können. Farben sind als Signale zur Erkennung von Freund und Feind oder des Geschlechtspartners ebenso wichtig wie für das Auffinden von Futter (z. B. für die Bienen). Soweit wir wissen, verwenden alle Tiere prinzipiell den gleichen Rezeptormechanismus zur Farbunterscheidung. Vgl. Abb. Seite 81
Bei schwachem Licht kann der Mensch nur *Helligkeitsstufen* (Grautöne), aber keine Farben unterscheiden. In diesem Intensitätsbereich arbeitet vorwiegend der *Stäbchenapparat* mit dem einheitlichen Sehfarbstoff Rhodopsin. Es macht in der Erregung der Stäbchen keinen Unterschied, ob wenig sehr wirksames (blaugrünes) Licht oder viel unwirksames (gelbes) Licht einfällt. Wird die allgemeine Beleuchtungsstärke erhöht, so wandert die subjektiv hellste Stelle des Spektrums aus dem blaugrünen Bereich in den gelbgrünen. Es werden jetzt auch die Farben der verschiedenen Wellenlängen erkennbar; eine andere Population von Sehzellen, die *Zapfen* mit ihrer geringeren absoluten Empfindlichkeit, hat begonnen zu arbeiten. Untersucht man mit verschiedenen Methoden die farbtüchtigen Sehzellen, findet man drei Typen, die jeweils in verschiedenen, einander aber überschneidenden Wellenlängenbereichen arbeiten. Daraus und aus einigen schon länger bekannten Tatsachen läßt sich das Prinzip des Farbensehens ableiten.

Die Prinzipien der Farbmischung. Schon vor langer Zeit wurde entdeckt, daß „weißes" Sonnenlicht viele Farben enthält. Schickt man es durch ein Prisma, so wird es in seine spektralen Anteile, die reinen Spektralfarben, zerlegt. Aus dreien dieser Spektralfarben, Blauviolett, Grün und Rot, kann man durch *additive Farbmischung* fast alle bekannten Farben mischen. Wenn man mit drei Lichtquellen jeweils eine dieser drei Grundfarben auf eine Leinwand projiziert und die Farbfelder sich überschneiden läßt, findet man alle im Spektrum enthaltenen Farben und zusätzlich Purpur. Letzterer entsteht durch Mischung der Farben an den beiden Enden des sichtbaren Spektrums: Blau und Rot.

Vgl. Abb. Seite 81

Schematisch kann man sich das an dem sog. *Farbendreieck* klarmachen. An den Ecken liegen die Grundfarben, auf den Linien zwischen den Grundfarben die Mischfarben (auf der Linie Rot-Grün liegt beispielsweise Gelb), im Inneren die Mischfarben aus Anteilen aller drei Grundfarben. In bestimmtem Verhältnis gemischt, addieren sich die Grundfarben zu weiß (farblos). Dieses Prinzip ist nicht zu verwechseln mit den Regeln der *subtraktiven Farbmischung*, nach denen die Farben eines Gemäldes entstehen. Eine leere Leinwand reflektiert alles Sonnenlicht gleichmäßig, sie erscheint weiß. Die „Farbe" Blau auf dieser Leinwand absorbiert alle anderen Farben aus dem Weiß außer Blau, welches zum Betrachter reflektiert wird, so als ob ein blaues Filter vor der Leinwand wäre. Mischen wir Gelb und Blau, so filtert Gelb weitgehend die kurzen Wellenlängen (also Blau), Blau den langwelligen Anteil (wie Rot und Gelb); übrig bleiben die Wellenlängen, bei denen beide Filter noch etwas durchlassen, der Grünbereich. Additive Farbmischung von Grün und Rot gibt Gelb, subtraktive Mischung dieser Farben gibt ein bräunliches Schwarz.

Die drei Rezeptortypen

Vgl. Abb. Seite 81

Jeder der drei oben erwähnten Rezeptortypen greift sich einen Teil des Spektrums als Arbeitsbereich heraus; er antwortet proportional dem Anteil der ihm adäquaten Wellenlängen. Bei Gelb oder Orange reagieren zu entsprechenden Teilen der Rot- und der Grünrezeptor. Das Nervensystem hat die Aufgabe, aus den relativen Erregungen der drei Rezeptortypen herauszulesen, welche Farbe vorliegt. Das Ganze funktioniert wie das Farbfernsehen nach dem PAL-Prinzip, welches die Vorgänge im Auge kopiert.

Die beste *Unterscheidungsmöglichkeit* für Farben ist dort, wo sich die Absorptionskurven der Rezeptoren überlappen und

am steilsten sind: Hier bewirkt schon eine kleine Änderung der Wellenlänge eine starke Erregungsänderung der betreffenden Sehzellen.
Beim Menschen liegen die farbtüchtigen Zapfen mehr in der Augenmitte. Führt man einen farbigen Gegenstand langsam von der Seite her in das Gesichtsfeld des geradeaus blickenden Auges, so erkennt man zuerst nur einen grauen Schatten, erst weiter innen die Form des Gegenstands (unbunt) und noch weiter innen die Farbe. Die Zapfen sind nicht gleichmäßig verteilt; weiter peripher liegen nur blauempfindliche, nach innen treten dazu die Rezeptoren für den Rotbereich und dann die für den Grünbereich.
Der für Bienen wahrnehmbare Spektralbereich ist gegen den des Menschen um ca. 100 nm verschoben; für Bienen ist eine dunkelrote Blume schwarz. Gelbe, orange und grüne Farben spielen für Bienen eine geringere Rolle als für Primaten, deren Farbunterscheidung in diesem Farbbereich besonders gut ist. Dagegen ist die für Menschen fast unsichtbare Farbe Ultraviolett für die Bienen besonders wichtig. Viele Blüten reflektieren stark in diesem Farbbereich; der Eingang zum Nektarreservoir ist jedoch oft durch das Fehlen von Reflexion im Ultraviolettbereich gekennzeichnet, wodurch auffällige *Saftmale* entstehen. Vgl. Abb. Seite 81 Auch geringe Beimischung von Ultraviolett lassen für uns gleichaussehende Farben für Bienen stark unterschiedlich erscheinen. Die für Menschen einheitlich gelbe Blüte des Fingerkrauts reflektiert im Randbereich zusätzlich zum Gelb stark Ultraviolett; diese Mischung ergibt für Bienen „Purpur“ (d.h. die Mischfarbe der Farben an den beiden Enden des für die Biene sichtbaren Spektrums). Die Saftmale reflektieren nur Gelb und kein Ultraviolett, erscheinen also der Biene gelb und stechen stark gegen den „purpurnen“ Rand ab. Die für Menschen intensiv grünen Blätter und Gräser reflektieren jedoch innerhalb des gesamten Empfindlichkeitsbereichs der Bienen ungefähr gleichmäßig schwach. Das bedeutet – übersetzt in menschliche Verhältnisse – ähnliche Anteile an den Grundfarben, also unbunt („grau“). Grün wirkt offensichtlich auf Bienen wie ein grauer Hintergrund, vor dem sich die farbigen und „echt gelbgrünen“ Blüten lebhaft abheben.

Sehen von polarisiertem Licht. In eine weitere Sehwelt, die dem Menschen verschlossen ist, sind Insekten, Krebse und auch Tintenfische vorgedrungen. Sie sind in der Lage, die Schwingungsebene linear polarisierten Lichts wahrzunehmen. Normalerweise schwingen der magnetische und der elektrische Vektor einer Lichtwelle gleichmäßig verteilt in allen Richtungen senkrecht zur Ausbreitungsrichtung der Welle. Ein *Polarisationsfilter* läßt jedoch nur Licht durch, dessen Vektoren in einer bestimmten Richtung quer zur Ausbreitungsrichtung schwingen: Das Licht hinter dem Filter ist linear polarisiert. Gewöhnlich ist ein Teil des Himmelslichts ebenfalls linear polarisiert. Art und Stärke der Polarisation und die Schwingungsebene sind vom Sonnenstand abhängig und für jeden Sonnenstand charakteristisch.

Ein Tier, welches die Schwingungsrichtung der Polarisation feststellen kann und „weiß", welches Polarisationsmuster zu welchem Sonnenstand gehört, braucht die Sonne nicht direkt zu sehen, um zu wissen, wo sie steht. Ameisen und Bienen können sich deshalb auch noch bei verdeckter Sonne (Wolken oder Schatten) nach ihr orientieren. Krebse und Tintenfische leben oft an Steilküsten im Schatten oder in tieferem Wasser, in welchem der Sonnenstand nicht mehr ohne weiteres feststellbar ist, wohl aber der Polarisationszustand des Lichts. Dies genügt zur Orientierung.

Die *Analysatoren* für die Schwingungsrichtung liegen in den Sehzellen. Möglicherweise sind in den Mikrovilli der Rhabdomere die Sehstoffmoleküle in besonderer Weise angeordnet. Da die Wirksamkeit des Lichtes von seiner Schwingungsrichtung in bezug auf die absorbierenden Sehstoffmoleküle abhängt, müßten die Sehzellen, je nach Anordnung ihrer Mikrovilli, bei einer gegebenen Polarisationsrichtung unterschiedlich viel Licht absorbieren, d.h. unterschiedlich stark erregt werden. Tatsächlich zeigen einzelne Sehzellen in Insektenaugen unterschiedliche Erregung je nach Schwingungsrichtung. Unpolarisiertes (natürliches) Licht, welches in allen Richtungen quer zur Ausbreitungsrichtung schwingt, wirkt auf alle Sehzellen gleich; nur der polarisierte Anteil wirkt spezifisch auf Sehzellen mit bestimmten Empfängereigenschaften. Das Polarisationsmuster des Himmelslichts wird also wie ein Sehmuster in ein räumliches Muster verschiedener Erregungen in verschiedenen Sinneszellen übersetzt.

Somit können Sehzellen insgesamt dreierlei Aufgaben erfüllen: Sie melden die Helligkeit, was durch die Abhängigkeit der Erregung von der Beleuchtungsstärke erreicht wird. Dann signalisieren sie Farben; das geschieht durch Zusammenarbeit von drei Typen von Sehzellen mit verschiedener spektraler Empfindlichkeit. Schließlich wird bei einigen Tieren die Schwingungsrichtung des polarisierten Lichts festgestellt, wobei wiederum mehrere Sehzellen mit verschiedenen Vorzugsrichtungen zusammenarbeiten müssen. Wahrscheinlich sind viele Sehzellen an zwei oder allen drei dieser Aufgaben beteiligt, und es ist Aufgabe des Nervensystems, durch Vergleich der Erregung bestimmter Partnergruppen von Sehzellen die Information zu erfassen.

Der Arbeitsbereich des Auges. Augen arbeiten schon bei sehr schwacher Beleuchtungsstärke. Unter günstigen Bedingungen (Dunkelanpassung, optimale Reizdauer, wirksamste Wellenlänge) entsteht eine Gesichtswahrnehmung bereits, wenn insgesamt nur etwa 100 Lichtquanten auf das Auge fallen. So viel Licht erreicht unser Auge bei Betrachtung eines an der Sichtbarkeitsgrenze liegenden Sterns. Davon erreichen die Sehzellschicht weniger als 10 Quanten, was angesichts der großen Zahl der Sehzellen dafür spricht, daß jede der getroffenen Zellen maximal 1 Quant erhält, daß also ein einzelnes Lichtquant eine Sehzelle in Erregung versetzen kann. Ob ein solches Signal auch weiter zum Gehirn geleitet wird, hängt von den nachgeschalteten Ganglienzellen ab. Das optische System ist durch einen Sicherheitsfaktor vor Fehlmeldungen Vgl. Seite 61 (z. B. in Folge von spontanem Zerfall eines Rhodopsinmoleküls) geschützt. Erst das Zusammentreffen mehrerer gleichartiger Ereignisse in mehreren Sinneszellen innerhalb einer bestimmten Zeitspanne löst eine Reaktion in den Ganglienzellen aus. Eine Ganglienzelle, die mit vielen Stäbchen verbunden ist, hat größere Chancen, bei sehr schwacher Lichtintensität schon erregt zu werden als etwa eine Ganglienzelle, die mit viel lichtschwächeren Zapfen verschaltet ist. Beispielsweise ist die Fovea des Menschen mit den vielen Zapfen nachtblind; die absolut empfindlichste Region der Retina liegt peripher. Deshalb fixieren auch Astronomen lichtschwache Himmelsobjekte nicht in der Fovea, sondern betrachten sie mit anderen Retinabereichen; man spricht hier von extrafovealer oder indirekter Beobachtung.

Von so schwacher Lichtintensität bis zu hellem Sonnenlicht (Absolutunterschied etwa $1:10^{10}$) reicht der *Arbeitsbereich* der menschlichen (und anderer) Augen. Die Kennlinie der Vgl. Seite 64 einzelnen Sehzellen überstreicht etwa einen Bereich von 1:1000; die variable Pupillenöffnung kann die eintretende

Lichtmenge um den Faktor 10–15 regulieren. Besonders wirkungsvoll ist die Umschaltung von Stäbchen auf Zapfen; die Empfindlichkeit der Zapfen ist im mittleren Spektralbereich etwa 1000fach geringer als die der Stäbchen.
Eine zusätzliche Erweiterung des Arbeitsbereichs ergibt sich durch die Verschiebung der Rezeptorkennlinien unter dem Einfluß der Beleuchtung *(Adaptation)*. Alle diese Faktoren ermöglichen es, daß die Unterschiedsempfindlichkeit der Rezeptoren über weite Bereiche erhalten bleibt. Bilder können nur gesehen werden, wenn Hell-Dunkel-Muster und Farbmuster in Muster verschiedener Erregung der Sehzellen übertragen werden. Kommt man aus hellem Sonnenlicht in tiefen Schatten, so ist man für kürzere Zeit blind; erst nach Anpassung kann man wieder Formen und Farben unterscheiden. Ohne diese Regulierungsmöglichkeiten würden die Rezeptoren ständig außerhalb des steilen Teils ihrer Kennlinie arbeiten. So schwankt die Empfindlichkeit für relative Helligkeitsunterschiede über dem gesamten Arbeitsbereich des Auges nur um etwa das 10fache. Sie ist besonders hoch im Bereich mittlerer Tageshelligkeit, bei der schon Unterschiede von weniger als 1% wahrgenommen werden können. Im Arbeitsbereich des Stäbchenapparates (höchste absolute Empfindlichkeit) ist die Unterschiedsempfindlichkeit besonders gering. Der Mensch kann je nach Grundbeleuchtung gleichzeitig etwa 17–25 Helligkeits-(Grau-)Stufen unterscheiden. Über den Arbeitsbereich des Auges sind es (durch Anpassung an verschiedene Grundbeleuchtung) etwa 130 Stufen.

Vgl. Seite 64

Durch die Verschiebung des Arbeitsbereichs der Sinneszellen über den gesamten Intensitätsbereich ist es schwierig für den Gesichtssinn, Helligkeiten absolut zu messen, da kein absoluter Bezugspunkt vorliegt. Offensichtlich ist eine hohe Unterschiedsempfindlichkeit innerhalb weiter Grenzen von größerem Vorteil.

Die Sehschärfe. Die Auflösung eines Bildes kann man danach beurteilen, auf welche Entfernung zwei Punkte eines bestimmten Abstands gerade noch als getrennte Objekte wahrgenommen werden. Große Augen bieten bei gleicher Sehzelldichte bessere Sehschärfe, da das Bild durch den dioptrischen Apparat auf eine größere Fläche entworfen wird. Beim Menschen sind dies unter günstigen Bedingungen auf eine Entfernung von 5 m etwa 1,5 mm; das entspricht einem Sehwinkel von 1 Bogenminute bzw. einem Abstand der beiden Punktbilder auf der Retina von ca. 5 µm (im Bereich der Fovea sind das etwa vier Zapfendurchmesser). Man könnte annehmen, daß zwei helle Punkte dann noch getrennt wahrgenommen werden können, wenn ihre Bilder auf zwei Zapfen treffen, die durch einen unbelichteten voneinander getrennt sind. Arbeiten mehrere Seh- und Nervenzellen zusammen, sind weit bessere Resultate möglich. Ein etwa 0,25 mm dicker Draht kann bei guter Beleuchtung auf mehrere Meter Entfernung gesehen werden. Wahrscheinlich beschattet hier das Bild des Drahts eine Reihe von Zapfen derart, daß diese 1–2% weniger Licht erhalten als die benachbarten Zapfenreihen. Offensichtlich wird auch dieser geringe Belichtungsunterschied noch ausgewertet. Minimale Abstände können noch erkannt werden, wenn zwei Strecken an ihren Enden ganz wenig parallel gegeneinander versetzt sind, wie das bei Messungen mit der *Noniusunterteilung* einer Schieblehre der Fall ist.

Vgl. Seite 94

Greifvögel mit einer fovealen Sehzellendichte von 1 Million pro mm^2 können besonders scharf sehen (bis zu 1/4 Bogenminute). Das hohe Auflösungsvermögen wird für das Entdecken kleiner Beutetiere aus großer Entfernung noch dadurch unterstützt, daß diese Tiere große Sehräume sehr rasch nach kleinen Gegenständen durchmustern können; ihr Blick wird sehr leicht zu einem Objekt hingelenkt. Menschen müssen bei der gleichen Aufgabe erst länger hinsehen (fixieren), ehe sie kleine Gegenstände wahrnehmen.

Die Sehschärfe der Insekten steht unter günstigen Bedingungen der eines Wirbeltieres nicht nach. Objekte, die unter einem Sehwinkel von weniger als 1 Grad erscheinen, können noch erkannt werden.

RÄUMLICHES SEHEN. Im *Fernbereich* dienen Hilfsdimensionen der Schätzung der Entfernung: die Größe bekannter Objekte (Menschen, Tiere, Häuser, Bäume usw.), die *Dunstverhüllung* (verschwimmende Konturen) als Zeichen für große Entfernung, die sich verschiebenden Blickwinkel und die sich ändernde relative Lage von Gegenständen zum Auge bei Bewegung des Beobachters oder des Gegenstands und Schatten und Kulissenwirkung in einer Landschaft. Der Blick kann auch in die Ferne „tasten" und dabei nahe Gegenstände mit fernliegenden vergleichen und Streckenlängen abschätzen.

Schnelle, gezielte Bewegungen beim Fliegen, Springen oder Zupacken erfordern jedoch sehr präzises *plastisches Sehen.*

Eine Libelle entwickelt beim Packen der Beute im raschen Flug eine erstaunliche Treffsicherheit, ähnlich wie ein Frosch beim Schnappen einer Fliege. Besonders den Primaten mit ihren hochentwickelten Greifwerkzeugen ist eine sehr genaue Erfassung des Sehraums möglich. Unter günstiger Beleuchtung und mit Unterstützung von Hilfslinien oder -flächen kann ein Mensch in einer Entfernung von 1 m noch Tiefendifferenzen von weniger als 1 mm feststellen.

Zur Erzielung dieser Leistungen sind zwei Arbeitsprinzipien wirksam. Erstes Prinzip: Das beidäugige Fixieren des Objekts – es wird in den Foveen beider Augen abgebildet – erfordert eine bestimmte Einstellung beider Augen durch die Augenmuskeln. Der einzustellende *Konvergenzwinkel* der Augenachsen ist direkt ein Maß für die Entfernung des Gegenstands (Entfernungsmessung durch Messung von Muskelspannung und Lage des Augapfels im Kopf). Täuscht man das Auge durch Einschalten von Zerstreuungslinsen in den Strahlengang zum Objekt, so erscheint ein entfernter Gegenstand nahe (die Augen werden beim Fixieren gezwungen, einen zu großen Konvergenzwinkel einzustellen). Auch die Akkomodation der Linse erfordert Muskeltätigkeit. Man kann sich vorstellen, daß die Information über die zum Fixieren und Scharfstellen notwendigen Muskeltätigkeit ebenfalls zur Entfernungsmessung verwendet wird.

Das zweite Prinzip benutzt die *Querdisparation.* Beim Fixieren eines Punktes fällt dessen Bild in beiden Augen auf korrespondierende (gleiche) Punkte, z.B. in die Foveen. Beim Betrachten eines Gegenstands erhalten aber beide Augen ein leicht voneinander abweichendes Bild durch die Verschiebung der Sehwinkel *(Parallaxe):* Viele Punkte des Gegenstands werden nicht mehr auf korrespondierende Stellen beider Augen abgebildet. Betrachten wir zwei in Blickrichtung hintereinanderliegende Gegenstände, z.B. unsere beiden in einem Abstand von 30 cm hintereinander in Augenhöhe gehaltenen Zeigefinger, so können wir immer nur einen Finger scharf sehen (fixieren); den anderen sehen wir unscharf und doppelt. Die Art der Doppelbilder wechselt mit der relativen Lage des nicht fixierten Gegenstands zum fixierten. Fixiert man den vorderen Finger, erscheint der hintere ungekreuzt doppelt (beim Schließen des *rechten* Auges verschwindet das *rechte* Bilddoppel), d.h., daß die Bilder des Gegenstands, welcher weiter entfernt ist als der fixierte, in beiden Augen etwas zur Nase hin gegen die korrespondierenden Bildpunkte des fixierten Gegenstands verschoben sind. Fixiert man den hinteren Finger, erscheint das Bild des näheren gekreuzt doppelt (beim Schließen des *rechten* Auges verschwindet das *linke* Bilddoppel). Die Bilder des Gegenstands, der näher liegt als der fixierte, sind in den beiden Augen etwas zur Schläfe hin gegen die korrespondierenden Bildpunkte des scharf gesehenen Objekts verschoben. Solche Verschiebungen dienen der Entfernungsmessung und damit auch dem plastischen Sehen. Normalerweise werden sie nicht als solche erkannt, sondern wirken als räumlicher Bildeindruck.

Besondere Probleme für das Fixieren und die Richtungs- bzw. Entfernungsmessung ergeben sich z. B. beim Schützenfisch, der aus dem Wasser heraus mit einem Wasserstrahl aus seinem Maul eine auf einem Blatt sitzende Fliege abschießt.

Wichtig ist, daß die Größe von Objekten im Raum nicht genau nach der Größe ihres Bildes auf der Retina gemessen wird. Im Nahbereich erscheinen uns gleichgroße Dinge in verschiedenem Abstand vom Auge als gleich groß, obwohl nach der geometrischen Optik die Bilder auf der Retina verschieden groß sind. Wie bei der Entfernungsmessung im Nahbereich werden die Befehle zu den Muskeln beim Fixieren (Konvergenzstellung der Augäpfel) und bei der Akkommodation (Scharfstellen mit der Linse) gegen die optische Information verrechnet. Auch die Erfahrung spielt eine Rolle: Kinder zeichnen hintereinanderstehende Häuser auf einem Bild gleich groß, ähnlich wie die frühen mittelalterlichen Maler. Das Gehirn „erwartet", daß ein weiter entfernter Gegenstand kleiner auf der Netzhaut abgebildet wird und kompensiert entsprechend die Größenwahrnehmung. Das führt zum Konflikt, wenn man perspektivisch unrichtig zeichnet oder ein Gegenstand in einem Bild andere Maße hat, als erwartet.

Als Hilfsgröße beim *perspektivischen Sehen* dient in unserer gewohnten Umgebung die Größe bekannter Objekte (z. B. von Menschen, Bäumen und Straßen). Dabei ist wiederum die Erfahrung von Wichtigkeit. Bietet man dem Auge eine ungewohnte Figur, spielt das Sehsystem eine Weile damit, bis es sich auf eine Interpretation festlegt. Oft springt dabei das ausgewertete Bild von einer Deutung zur anderen. Bei einigen Bildern bemüht sich das Auge vergeblich, etwas zu erkennen. Auf den ersten Blick erhält das Sehsystem genügend Information, um mit Hilfe der Erinnerung etwas zu erkennen. Die Interpretation läßt sich bei genauerer Betrachtung aber nicht durchhalten. Korrekturversuche bleiben unbefriedigend; es entsteht kein eindeutiger Bildeindruck. Andererseits sind die Auswertzentren sehr gut zu *Umstellungen* fähig. Setzt man eine Umkehrbrille auf, so steht die Welt auf dem Kopf oder ist seitenverkehrt. Man kann so weit gehen, alle Sehwinkel optisch zu verzerren. Jetzt bewegt sich die Versuchsperson in einer fremdartigen Umwelt; es geschehen ungewohnte Dinge, etwa merkwürdige Verzerrungen im Bild eines Gegenstands beim Vorbeigehen. Derartige Erfahrungen macht jeder Brillenträger mit schlecht angepaßten Augengläsern. Nach einiger Zeit können die Versuchspersonen jedoch wieder sicher gehen und koordinierte Bewegungen ausführen. Tieren scheint eine solche Umstellung schwerzufallen.

Bewegungssehen. Ein bewegtes Objekt in unserem Gesichtsfeld bringt bei ruhendem Auge nacheinander verschiedene Retinabereiche in Erregung. Meist wird man versuchen, das Bild für eine optimale Auflösung in der Fovea zu fixieren und mit dem Auge der Bewegung zu folgen. Dabei kehren sich für das Auge die Bewegungsverhältnisse um: das Bild des Objekts bleibt fest auf einer Stelle der Retina, das Bild der Umwelt wandert. Trotzdem bleibt subjektiv die Umwelt stehen, und das Objekt wandert. Auch hier liegt, wie bei der Erhaltung der Größenkonstanz, eine zentrale Leistung vor. Die Augenmuskeln erhalten Befehl zum Verfolgen des Objekts und sorgen, gesteuert von dem Bild auf der Retina, für eine Stabilisierung des Bildes in der Fovea. Die dafür notwendigen motorischen Kommandos zu den Augenmuskeln werden als *Efferenzkopie* den Sehzentren zugeleitet, in denen sie gegen die Meldungen aus der Retina verrechnet werden.

Vgl. Seite 42

Auch bei Bewegungen des Körpers werden passive Verschiebungen des Netzhautbildes kompensiert. Die Gleichgewichtssinnesorgane und Rezeptoren in der Halsregion melden jede Kopf- oder Körperbewegung, die den motorischen Zentren für die Augenmuskeln zugeleitet wird. Es erfolgen dann kompensatorische Augenbewegungen zum Festhalten des Umweltbildes auf der Retina. Die optische Umwelt bleibt bei Körperbewegungen unbewegt. So wird das über die Retina gleitende Bild der Umwelt subjektiv zur Ruhe gebracht.
Die *Auflösung* von *Bewegungen* ist an die Fähigkeit gebunden, rasche Reizwechsel aufzulösen. Menschen können Hell-Dunkel-Wechsel nur bis zu einer Grenze von 30–40 (maximal 60) Wechseln pro Sekunde auflösen. Normaler-

weise ist für uns das Flackern einer Glimmlampe im Takt der 50-Hz-Wechselspannung im Stromnetz nicht wahrnehmbar. Insekten jedoch sehen dieses Flimmern; Bienen und Fliegen sind in der Lage, bis zu 300 Hell-Dunkel-Wechsel pro Sekunde noch zu verarbeiten. Das Sehsystem dieser schnell fliegenden Tiere leistet besonders viel bei der Verarbeitung rasch wechselnder (für Menschen „unruhiger") Muster mit vielen Konturen und aufgelösten Flächen. Für Frösche wirkt eine ruhende Umwelt anscheinend nicht als Sehreiz. Erst die Bewegung eines Objekts läßt diese Tiere mobil werden, z. B. wenn ein kleiner schwarzer Gegenstand (Fliege) auftaucht oder ein großer dunkler Schatten ins Gesichtsfeld kommt (möglicher Feind). Dies paßt gut zur Reaktionscharakteristik der später erwähnten hochspezialisierten Neurone in der Froschretina. *Reizwechsel* haben allgemein besondere Wirksamkeit. Ein Mensch, der einige Zeit vor einer Szenerie sitzt, bemerkt mit der Zeit keine Einzelheiten mehr (es sei denn, er betrachtet und fixiert bewußt); die Aufmerksamkeit schweift ab. Erfolgt aber eine Änderung, wenn Gegenstände sich bewegen, gleichmäßig bewegte Objekte ihre Geschwindigkeit ändern oder Farbwechsel auftreten, merkt er plötzlich auf. Wahrscheinlich nimmt auch das menschliche Auge bevorzugt Bewegungen wahr.

Vgl. Seite 97

Seit einiger Zeit ist bekannt, daß sich auch bei Menschen das Auge einige Male in der Sekunde ständig leicht hin und herbewegt *(Augenzittern)*; dazwischen macht es etwas stärkere, ruckartige Bewegungen. Es tastet das Gesichtsfeld dauernd ab, und so entstehen auch von ruhenden Gegenständen sich verschiebende Bilder; diese Verschiebung wird zentral kompensiert und nicht wahrgenommen. Schaltet man diese Bewegungen des Auges aus, so erlischt nach kurzer Zeit der Gesichtseindruck von Gegenständen: die Neurone hören auf zu arbeiten. Erst bei Reizwechsel sprechen sie wieder an; ohne Augenbewegungen wären Menschen fast blind für Formen. Auch Insekten scheint es schwerzufallen, unbewegte Gegenstände zu sehen. Sie nehmen allerdings nicht nur sehr rasche Bewegungen wahr, sondern auch sehr langsame von 1/2 Bogengrad pro Minute: Ein Insekt könnte die Bewegungen des Stundenzeigers einer Uhr auflösen.

Nervöse Verarbeitung in der Sehbahn. Die Sehzellen sind in größeren oder kleineren Gruppen auf die Ganglienzellen verschaltet; Querverbindungen sorgen für zusätzliche

Vgl. Abb. Seite 73

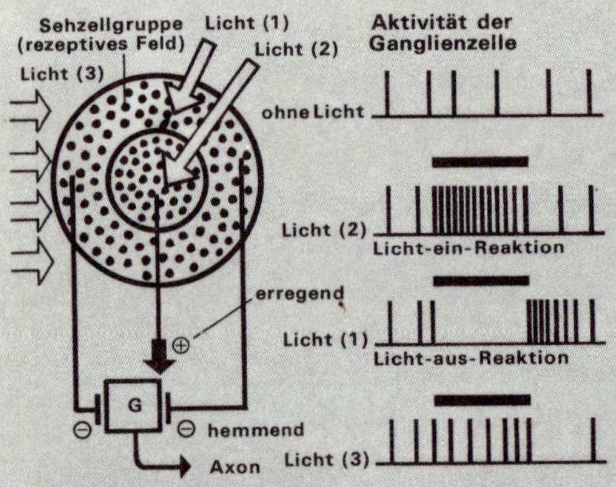

Verschaltung von Sehzellen auf Ganglienzellen und Nachbildeffekt. Die Sehzellen sind gruppenweise auf *Ganglienzellen* verschaltet, welche deren Erregungen auswerten und an das Gehirn melden. Die Aktivität einer retinalen Ganglienzelle (G) hängt u. a. davon ab, welcher Teil der Sehzellgruppe *(rezeptives Feld)* belichtet wird. Die Abb. zeigt die Reaktionen einer retinalen Ganglienzelle bei Belichtung der Peripherie (1), des Zentrums (2) und des gesamten rezeptiven Feldes (3).

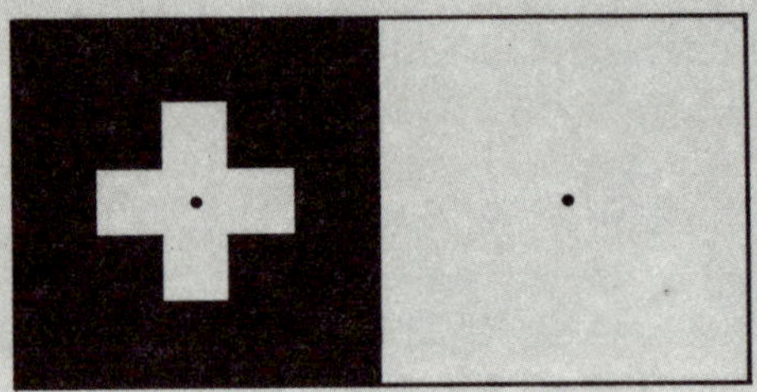

Der **Nachbildeffekt** ist wahrscheinlich auf einen solchen Reizwechsel im rezeptiven Feld zurückzuführen: Man fixiere das weiße Kreuz für ca. 15 sec. und anschließend rasch den Punkt im rechten weißen Feld. Man sieht dann für kurze Zeit auf dem hellen Hintergrund ein schwarzes Kreuz *(komplementäres Nachbild).*

Schaltmöglichkeiten. Entsprechend können aus einer Gruppe von Sehzellen immer wieder andere Kombinationen zu einer Auswertungseinheit zusammengefaßt werden. Die Sehzellgruppe einer Ganglienzelle bildet deren *rezeptives Feld.* Bei schwacher Beleuchtung bildet die Ganglienzelle einige Impulse pro Sekunde als Daueraktivität. Bei Einfall von Licht auf die Sehzellen des rezeptiven Feldes verändert sich diese Erregung. Belichtet man mit einem sehr feinen Lichtstrahl das Zentrum des Feldes, nimmt die Erregung der Ganglienzelle zu (Licht-ein-Erregung). Bei Belichtung der Feldperipherie wird die Daueraktivität blockiert; nach Ausschalten des Reizes kehrt sie nach einer Impulssalve (Licht-aus-Erregung) zurück. Die Sehzellen im Feldzentrum sind erregend auf die Ganglienzelle verschaltet; Erregung in den Sehzellen der Peripherie hemmt die Aktivität der Ganglienzelle. Gleichmäßige Belichtung des ganzen Feldes führt zu schwächerer Erregung als Belichtung nur des Zentrums. Es gibt auch Ganglienzellen mit Aus-Erregung im Zentrum und Ein-Erregung in der Peripherie. Die Aus-Erregung beim Wegnehmen eines Lichtreizes wird beim Nachbildeffekt deutlich.

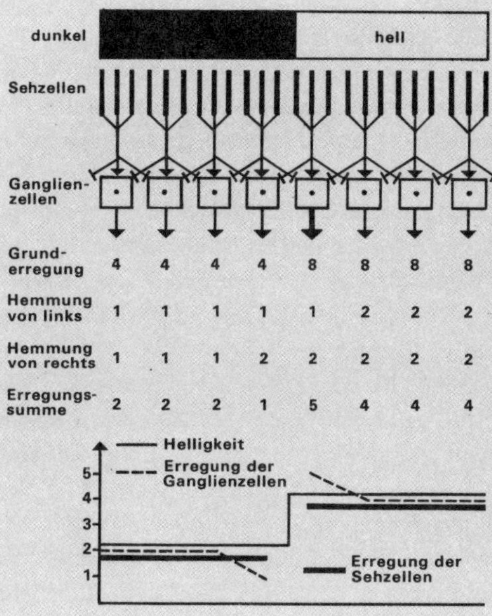

Erregung von Ganglienzellen durch eine Hell-Dunkel-Kontur und Hering-Gitter. Die Arbeitsweise eines Systems verschieden auf Ganglienzellen verschalteter Sehzellen läßt sich mittels einer über dem Sehzellraster liegenden Hell-Dunkel-Kontur demonstrieren. Wenn sich die rezeptiven Felder der verschiedenen Ganglienzellen derart überlappen, daß das Zentrum eines Feldes gleichzeitig die Peripherie des Nachbarfeldes darstellt, differiert die Erregung der Ganglienzellen im Bereich des Hell-Dunkel-Übergangs relativ stärker als die Erregung der Sehzellen und die Helligkeit. Diese Erscheinung (Randkontrast) wird beim Betrachten des sog. *Hering-Gitters* deutlich. Die zwischen den schwarzen Kästchen verlaufenden Streifen erscheinen weiß bis auf die „Kreuzungen", in denen das Auge scheinbar graue Stellen wahrnimmt.

Betrachtet man ein helles Kreuz vor dunklem Hintergrund für ca. 15 sec. und blickt rasch auf eine weiße Fläche, so erscheint dort für kurze Zeit ein schwarzes Kreuz. Die vorher durch Belichtung gehemmten Ganglienzellen sprechen jetzt mit einer Aus-Erregung an; das bedeutet jedoch für das Nervensystem „Licht aus", also dunkel.

Die rezeptiven Felder verschiedener Ganglienzellen überschneiden sich teilweise derart, daß das Zentrum eines Feldes die Peripherie des Nachbarfeldes darstellt. Betrachten wir die Arbeitsweise des Systems, wenn eine einfache Hell-Dunkel-Kontur über dem Sehzellraster liegt: Durch die wechselseitige Hemmung entsteht am Übergang zwischen Hell und Dunkel ein stärkeres Ungleichgewicht in der Erregung der Ganglienzellen, als es eigentlich dem Helligkeitsunterschied und der Erregung in den Sehzellen entspricht. Der *Kontrast* des Bildes wird in der Erregung der Ganglienzellen überhöht dargestellt. Dadurch werden in einem Bild auch noch sehr geringe Kontraste ausgewertet; das Formensehen wird stark unterstützt.

Vgl. Seite 62

Diesen Vorgang kann man sich durch Betrachtung des sog. Hering-Gitters klarmachen. Die Straßen zwischen den dunklen Blöcken erscheinen weiß, die Kreuzungen aber deutlich grau, obwohl dort die gleiche objektive Helligkeit herrscht

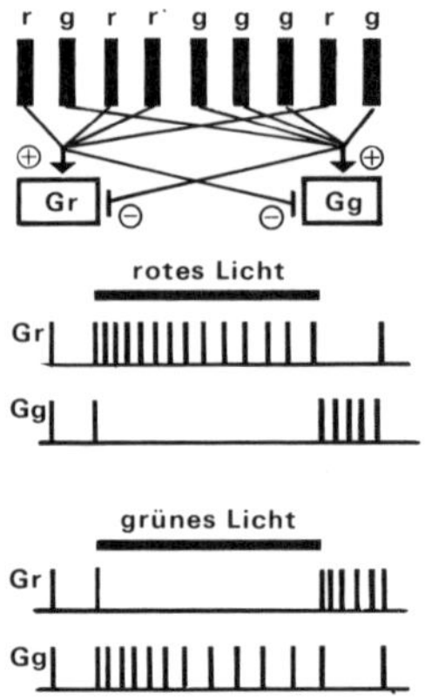

Bildung des Farbkontrastes
Die erregende bzw. erregungshemmende Verschaltung von farbenempfindlichen Sehzellen (Zapfen) auf verschiedene Ganglienzellen führt u. a. zur Entstehung des *Farbkontrastes.* Rotempfindliche Sehzellen (r) sind erregend auf eine Ganglienzelle (Gr) verschaltet, hemmend auf eine andere (Gg), die ihrerseits von grünempfindlichen Sehzellen (g) erregt, von den rotempfindlichen gehemmt wird. (Für Blau und Gelb gibt es ein ähnliches System.) Wäre das helle Kreuz in Abb. S. 94 grün, so würde man ein rotes Nachbild (Kreuz) sehen.

Vgl. Abb. Seite 97

wie in den Straßen. Diese Erscheinung läßt sich folgendermaßen erklären: Die Ganglienzellen, in deren Felder die waagerecht verlaufenden Straßen fallen, erhalten von dem hellen Straßenstreifen rechts und links (in den senkrechten Straßen von oben und unten) her Hemmeinflüsse, da von dort Sehzellen belichtet werden. Aus den dunklen Blöcken kommt keine Hemmung der Ganglienzelle, denn die Sehzellen sind dort nicht erregt. Auf den Kreuzungen sind Sehzellen auf vier Seiten in der Nachbarschaft erregt, die auf die Ganglienzellen, in deren Feld die Kreuzung fällt, hemmend wirken. Entsprechend sinkt deren Erregung; das bedeutet aber für das Nervensystem: dunkler. Fixieren wir eine Kreuzung mit der Fovea, so reicht die feine Auflösung dort aus, um die echten Verhältnisse genauer zu sehen: die grauen Flecke verschwinden.

Beide Experimente zeigen deutlich, wie wichtig solche „Spielereien“ mit optischen Täuschungen zur wenn auch stark simplifizierten und schematisierten Erklärung grundlegender Prinzipien in der Arbeit des Nervensystems sind. Die Bevorzugung der *Kontur* (Grenze zwischen verschiedenen Helligkeiten) vor gleichmäßig beleuchteten Flächen schärft natürlich den Gesichtssinn für Formen, das Grundelement des Bildsehens.

Für Farben existieren ähnliche Mechanismen von Hemmung und Erregung innerhalb der *Gegenfarbenpaare* (Rot – Grün, Blau – Gelb) für die Auswertung der Farbsignale und für den Farbkontrast.

Die weitere Verarbeitung der Sehreize erfolgt bei Säugetieren meist in der *Großhirnrinde* durch immer weitergehende Selektionierung und Sortierung nach bestimmten Reizeigenschaften. Über die Relaisstationen der Ganglienzellen in der Retina und dem *Corpus geniculatum laterale* (dem seitlichen Kniehöcker) im *Thalamus,* sind hier Sehzellen zu recht komplizierten rezeptiven Feldern zusammengesetzt. Die Hirnneurone antworten nur noch auf recht spezifische Sehreize. Im einfachsten Fall kann man sich vorstellen, daß die rezeptiven Felder mehrerer Ganglienzellen auf eine Hirnzelle so verschaltet sind, daß ihre Zentren gleichzeitig erregt sein müssen, damit durch Summation die Hirnzelle optimal erregt wird. Das rezeptive Feld der Hirnzelle ist nicht rundoval, sondern langgestreckt; die Zelle wird maximal reagieren, wenn ihr Ein-Zentrum ganz belichtet ist, d. h., wenn ein heller Streifen in dunklerer Umgebung im Gesichtsfeld sich mit dem

Feld deckt. Die Erregung geht sofort zurück, wenn der Streifen gedreht wird.
Es gibt andere Hirnzellen, deren rezeptive Felder gleich aussehen, aber verschieden auf der Retinafläche orientiert sind. So kann man sich vorstellen, daß bei der Drehung des Streifens andere Hirnzellen ansprechen, die Erregung aus einer Zelle also in die andere wandert. Insgesamt stehen zur Verarbeitung von Sehreizen viele Millionen Hirnzellen bereit, alle spezialisiert auf bestimmte Reizeigenschaften, z.B. Bewegung eines optischen Musters mit bestimmter Geschwindigkeit, Lage einer Figur oder bestimmter Formen.
Bei Fröschen und Kröten liegen auf komplexe Reizparameter reagierende Zellen auch in der Retina. Man findet dort beispielsweise Ganglienzellen, die nur erregt werden, wenn folgende Bedingungen gleichzeitig erfüllt sind: Der Hintergrund ist hell, das Objekt dunkel; das Objekt ist weder größer noch kleiner als ein bestimmtes Maß, es ist konvex und bewegt sich mit einer bestimmten Geschwindigkeit über eine bestimmte Region des Gesichtsfeldes. Andere Zellen reagieren spezifisch auf große, dunkle Gegenstände, die plötzlich im Blickfeld erscheinen. Nur sehr wenige Neurone reagieren auf unbewegte Objekte im Gesichtsfeld. Alle diese Parameter passen gut zu bestimmten biologisch wichtigen Reizobjekten für Frösche: umherschwirrende Fliegen als Beute oder plötzlich auftauchende größere Tiere als Feinde. Es findet also bereits in der Retina eine ausgeprägte *Filterung* der Sehzellmeldungen statt, die spezifisch auf bestimmte komplexe Parameter ausgerichtet sind. Die Verarbeitung und die Interpretation dieser Meldungen erfolgen im Mittel- und Zwischenhirn. Dort wird entschieden, welche Reaktionen erfolgen sollen: Flucht oder Zuschnappen.

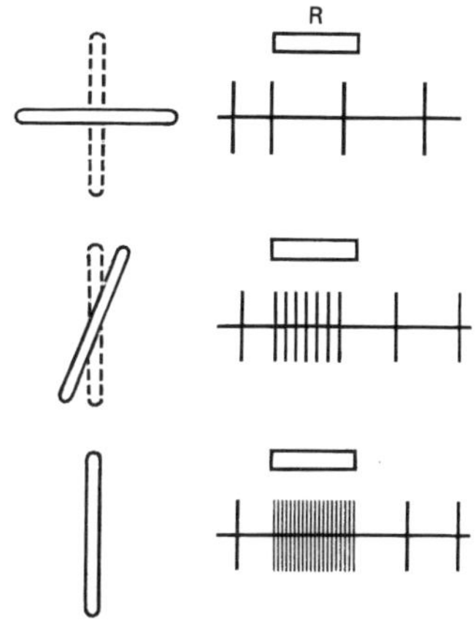

Rezeptives Feld einer Nervenzelle in der Sehrinde einer Katze. Links: Reizsituation. Ein heller Lichtbalken (durchgezogener Umriß) wird auf die Retina projiziert, das rezeptive Feld ist gestrichelt umrissen. Rechts: Reaktionen der Zelle bei den drei verschiedenen Stellungen des Lichtbalkens. R bedeutet: heller Balken erscheint. (Nach HUBEL und WIESEL)

Zentrale Leistungen

Der zentrale Auswertungsapparat des visuellen Systems arbeitet zum Teil mit sehr komplexen Reizparametern unter Einbeziehung von Erfahrung und Kombinationsgabe, die für das Erkennen eines Gegenstands aus dem gesehenen Lichtmuster sorgen. Manchmal geht das Sehsystem bei der Interpretation einer Form oder Bewegung von einer Hypothese aus, wie es eigentlich aussehen müßte, wenn ... Das hilft beim raschen Erkennen, kann aber zu Fehlinterpretationen führen, die nachträglich kompensiert werden müssen. Autofahrer geraten z. B. oft in Situationen, in denen falsch interpretiert wird. Meist arbeiten aber das optische und auch andere Sinnessysteme rasch genug für rechtzeitige Korrekturen.

Mechanische Sinne

Entsprechend der Vielfalt wichtiger mechanischer Sinnesreize im Leben der Tiere findet man eine ganze Reihe verschiedener Sinnesorgane, die Informationen vermitteln über Muskellänge und -spannung, Gelenkstellung und -bewegung, Körperhaltung, Schwerkraft, Linear- und Drehbeschleunigung, Blutdruck, Berührung, Luftschall, Wasserwellen, Vibration usw. Dem entspricht eine große Mannigfaltigkeit der reizaufnehmenden Apparate. Die ganze Vielfalt der Reizformen endet jedoch uniform in Dehnung oder Kompression der sensiblen Strukturen der Sinneszellen bzw. dem Abbiegen der Cilien von Haarzellen.

Vgl. Seite 57

Bei Mechanorezeptoren hängt es somit weitgehend vom reizübertragenden Apparat ab, welche Reize die Rezeptorzelle erreichen. Entsprechend finden sich einige Grundtypen von Vielzweckorganen, die bei wechselndem Einsatz alle Aufgaben bewältigen: Dehnungsrezeptoren von Insekten arbeiten in Sinnesorganen für Dehnung, Gelenkstellung, Vibration, Luftströmung und Luftschall, Haarzellen von Wirbeltieren in Sinnesorganen für Wasserströmung, Drehbeschleunigung, Linearbeschleunigung, Schwerkraft und Luftschall. Borsten und freie Nervenendigungen erfüllen auf ähnlich vielfältige Weise mehrere Aufgaben.

Vgl. Abb. Seite 59

FREIE NERVENENDIGUNGEN. Die am einfachsten gebauten Mechanorezeptoren sind sensible Endigungen von Sinnesnervenzellen in der Haut, auf der Zunge und in Eingeweiden der Wirbeltiere. Einige umspinnen die Bälge von Körperhaaren, andere messen an Arterien den Blutdruck. Oft sind sie auch mit reizübertragenden *Endapparaten* verbunden, z.B. bei den dem Vibrationssinn dienenden Pacinikörperchen in der Haut und den Eingeweiden: Das sensible Nervenende steckt hier in einer Kapsel aus Lamellen, die wie Zwiebelschalen konzentrisch übereinanderliegen. Drückt man auf ein solches Körperchen, wird die Druckwelle momentan über die Lamellen auf das Nervenende weitergegeben, und es entsteht ein je nach Reizstärke mehr oder weniger hohes Rezeptorpotential, das zur Ausbildung eines Nervenimpulses führt. Gleich darauf gleiten die Lamellen aber etwas zur Seite, die Verformung des reizübertragenden Apparats fängt den Druck wie eine Feder ab: Es gelangt kein Reiz mehr zu der Faser im Inneren, obwohl der Druck auf das Körper-

Vgl. Abb. Seite 102

chen anhält. Schält man die Lamellen ab und drückt direkt auf die nackte Faser, so wird das Rezeptorpotential etwas länger aufrechterhalten. Die Pacinikörperchen sind ein gutes Beispiel dafür, wie der reizübertragende Apparat die Meldungen des Sinnesorgans beeinflußt.

Viele solcher einfachen Rezeptoren reagieren auf *Zug* und *Druck* in der Haut und registrieren damit die *Bewegungen* der Finger und anderer Gliedmaßen, allgemein die Verlagerung von Körperteilen gegeneinander. Die meisten sprechen bevorzugt auf Änderungen des Reizes an; für eine ganze Reihe sind *Vibrationen* auf der Haut (mechanische Schwingungen zwischen 100 und 500 Hz) sehr wirksame Reize; die notwendigen Deformationen der Haut betragen zwischen 1/100 und 1/5000 mm.

Solche *Oberflächenrezeptoren* bilden gemeinsam ein Raster zur Erfassung der mechanischen (und auch thermischen) Gegebenheiten der Umwelt, mit der die Haut in Kontakt steht. Die zentralwärts leitenden Fasern enden im Nervensystem entsprechend der relativen Lage der innervierten Areale. Vgl. Abb. Seite 102
Die berührungsempfindlichen Punkte eines Arms sind zusammen in einer Hirnregion repräsentiert, unterteilt in Nachbarregionen für Finger, Hand, Unterarm usw., wodurch eine Art projiziertes Bild der Körperoberfläche im Nervensystem entsteht. In einigen Regionen liegen die Rezeptoren besonders dicht; die Verarbeitungsregion im Nervensystem ist dann besonders umfangreich, entsprechend hoch ist dort folglich das *Auflösungsvermögen.* An der Zungenspitze und den Fingerbeeren wirken zwei feine, im Abstand von einem Millimeter gleichzeitig aufgesetzte Nadeln noch als getrennte Reize. Das ermöglicht die Erfassung kleiner Details von Oberflächen, Formen usw. durch Betasten, was, zusammen mit einer detaillierten Bewegungskontrolle, erst die Ausführung feiner Fingerbewegungen beim Schreiben, Zeichnen oder Musizieren ermöglicht. Oft überschneiden sich die Einzugsbereiche einzelner Fasern, und es wird durch laterale Hemmung eine hohe Auflösung möglich. Vgl. Seite 62
Wieviel ein solches Sinnessystem leistet, zeigt sich bei Blinden, die mit Hilfe der gestanzten Punktkombinationen der Braille-Schrift rasch und sicher lesen.

Ein anderes Beispiel von Oberflächenrezeptoren sind die freien Nervenenden in der elastischen Wand der Kopfschlagadern, welche die Wanddehnung der Arterien und damit den Blutdruck registrieren.

Hochempfindliche Tastorgane sind die Schnurrhaare vieler Säugetiere (z. B. von Katzen und Mäusen). Das lange Haar dient hier als Hebel und überträgt so mit hohem Wirkungsgrad Reize auf die Nervenenden am Haarbalg.

Streckrezeptoren. Eine zweite, weitverbreitete Gruppe von Mechanorezeptoren spricht direkt auf *Dehnung* an. Dazu gehören Streckrezeptoren in Gelenken, Sehnen und Muskeln für die Kontrolle der Bewegung, Körperhaltung usw. Einem ähnlichen Zweck dienen Streckrezeptoren in den Hinterleibssegmenten von Krebsen. Zwischen jeweils zwei Segmentringen sind zwei feine Muskeln eingespannt, deren Länge von je einer Streckrezeptorzelle gemessen wird. Werden zwei Segmente des Hinterleibs gegeneinander abgebogen (z. B. beim Rückstoßschwimmen des Krebses), sprechen die beiden Rezeptoren an: Der eine reagiert zunächst mit einem Erregungsmaximum, dessen Höhe von der erreichten Länge, besonders aber von der Dehnungsgeschwindigkeit abhängt. Danach sinkt die Erregung auf ein Plateau, dessen Höhe ein genaues Maß für die Muskellänge (Abstand der Segmente) darstellt. Der Rezeptor reagiert über einen weiten Bereich der Muskellänge auf gleich hohe Dehnungssprünge mit gleichem Erregungszuwachs: er arbeitet linear. Die andere Sinneszelle reagiert nur mit einer kurzen Erregungssalve bei Dehnung; die stationäre Länge wird nicht wiedergegeben.

Vgl. Seite 63

In vielen Fällen arbeiten für eine besonders feine Auflösung z. B. von Gelenkbewegungen oder der Lage des Körpers im Raum mehrere Rezeptoren mit jeweils engem Arbeitsbereich zusammen. Die Auswertung ist genauer, wenn nicht nur die Erregung *eines* Rezeptors beurteilt wird: außerdem befindet sich dadurch bei jeder Stellung immer wenigstens ein Rezeptor in einem günstigen Bereich seiner Kennlinie.

Streckrezeptoren dienen auch mehrfach der Aufnahme von Außenreizen. In der Tibia, dem dritten Beinglied einer Schabe, sind *Scolopidialorgane* saitenartig ausgespannt, welche auf geringste Verschiebungen zwischen den Anheftpunkten mit Salven von Nervenimpulsen reagieren. Vibriert der Boden, auf dem die Schabe steht, etwa durch den Tritt eines Tieres, so genügt schon eine Vibrationsweite der Unterlage von weniger als 0,1 nm als Reiz für die Rezeptoren; die höchste Empfindlichkeit liegt bei einer Vibrationsfrequenz zwischen 1000 und 2000 Hz. Mit diesem Organ können Schaben (und andere Insekten) sehr genau Bewegungen anderer Tiere

Vgl. Abb. Seite 103

in der Umgebung spüren. Im zweiten Segment des Fühlers (Antenne) liegen bei Insekten Scolopidialzellen in dem *Johnstonschen Sinnesorgan* zusammen. Je nach Größe (Masse), Gestalt und mechanischer Lagerung bewegt sich die Antenne mit dem Wind und dessen Turbulenzen (z. B. im Flug) gegen das zweite Segment: Die Aufhängestrukturen der Rezeptoren werden gedehnt. Das Organ arbeitet als Rezeptor für Windströmung.

Solche Streckrezeptoren von Insekten haben prinzipiell alle den gleichen Aufbau: Sinneszellen und Hilfsstrukturen sind derart zwischen zwei durch den Reiz bewegten Teilen des Außen- oder Innenskeletts, Bändern oder Tracheen, befestigt, daß bei einer Dehnung der Aufhängung der sensible Fortsatz der Sinneszelle durch eine um die Spitze des Fortsatzes liegende elastische Kappe zusammengedrückt wird.

SINNESBORSTEN. Ein anderes mechanorezeptorisches Vielzweckorgan der Gliederfüßer ist die Sinnesborste, ein steifes Sinneshaar, das über ein Gelenk im Hautpanzer verankert ist. Bei Abbiegung des Haars im Gelenk spricht der Ausläufer einer Sinneszelle an. Solche Haare stehen auf der Körperoberfläche an Beinen, Fühlern, Mundwerkzeugen usw. und dienen als *Tastborsten:* Bei Berührung eines Gegenstands werden sie ausgelenkt. An Verbindungsstellen zwischen beweglichen Panzerteilen (Bein-, Fuß-, Flügelgelenken) dienen sie als Rezeptoren für die Gelenkstellungen; je nach Lage werden verschiedene Borsten unterschiedlich weit abgebogen. Vgl. Abb. Seite 102

Sinnesborsten stehen auch in kleinen Polstern zusammen an Gelenken zwischen Kopf und Brust bzw. Brust und Hinterleib. Dort registrieren sie die Stellung verschiedener Körperteile zueinander, indirekt auch die *Schwerkraftrichtung:* Wenn ein Insekt an einer senkrechten Wand nicht in der Vertikalen, sondern schräg nach oben läuft, hängen Kopf und Hinterleib infolge ihrer Schwere etwas aus der Körperlängsachse gegenüber der Brust mit den festhaltenden Beinen nach unten. Diese Stellung wird genau von den Borsten in den Polstern gemeldet. Vgl. Abb. Seite 102

Die Feststellung der Schwerkraftrichtung ist für Insekten ähnlich wichtig wie für Wirbeltiere. Bienen benötigen diese Information zusätzlich für die Verständigung mit Stockgenossen. Eine erfolgreich zurückgekehrte Sammlerin weiß, in welchem Winkel zum Sonnenstand man abfliegen muß, um den blühenden Kleeacker zu finden. Diesen Winkel teilt die

MECHANOREZEPTOREN I

Mechanorezeptoren sind Sinnesorgane zur Messung der Spannung und Länge von Muskeln, der Körperhaltung, von Tastreizen, aber auch von Blutdruck, Schallwellen, Luft- und Wasserströmungen. Bei aller Vielfalt der Reizformen bewirken die Reize letztlich Kompression oder Dehnung reizsensibler Strukturen bzw. eine Abbiegung von Cilien.

Jeder Körperregion ist im Gehirn ein ganz bestimmter mechanosensorischer Bereich der Hirnrinde zugeordnet. Je dichter die Rezeptoren in einem Körperareal liegen, um so umfangreicher ist die entsprechende Auswertregion. Eine große Rezeptordichte und damit ein hohes (räumliches) Auflösungsvermögen für Reize weisen z. B. die Lippen und die Fingerbeeren auf. Abb. rechts zeigt, an welchen Stellen des menschlichen Gehirns die verschiedenen Körperareale repräsentiert sind.

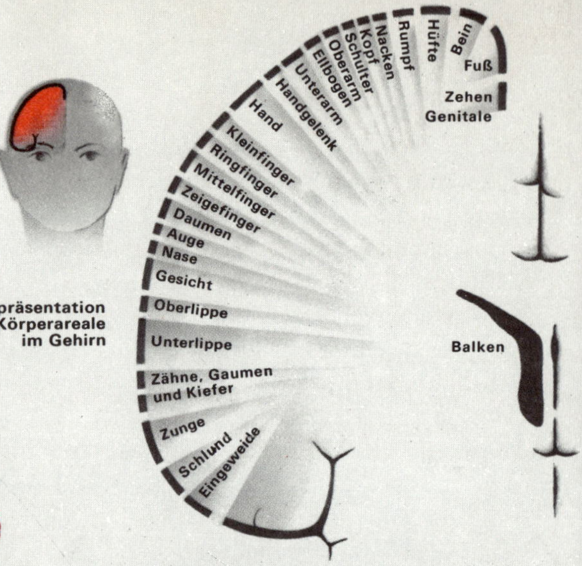

Repräsentation der Körperareale im Gehirn

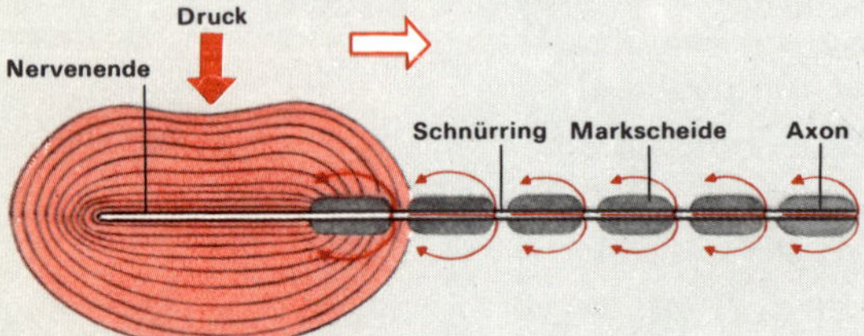

Pacinikörperchen

Pacinikörperchen sind einfach gebaute Mechanorezeptoren in der Haut und den Eingeweiden (Abb. links). Das sensible Nervenende ist von einer Kapsel aus konzentrisch angeordneten Lamellen umgeben, die einen Reiz (Pfeil) zuerst stoßförmig an das sensible Ende weitergibt, sich dann aber deformiert: jetzt wirkt kein Druck mehr auf das Nervenende.

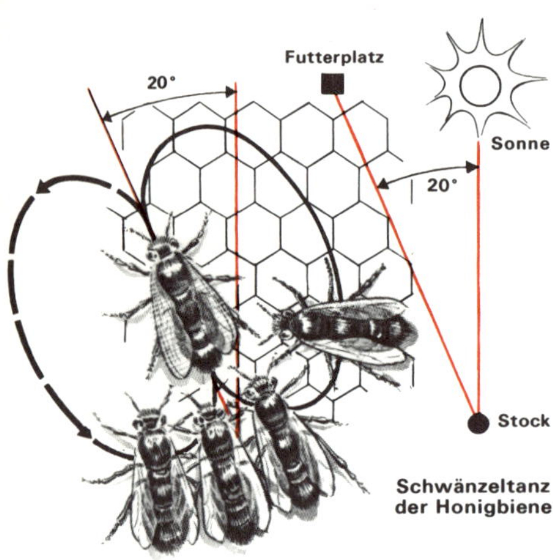

Schwänzeltanz der Honigbiene

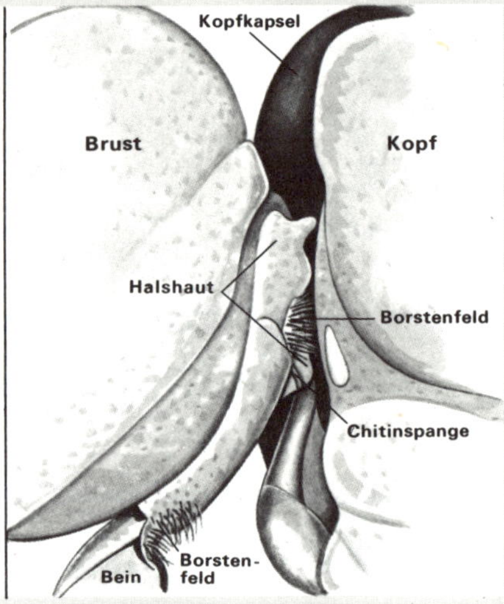

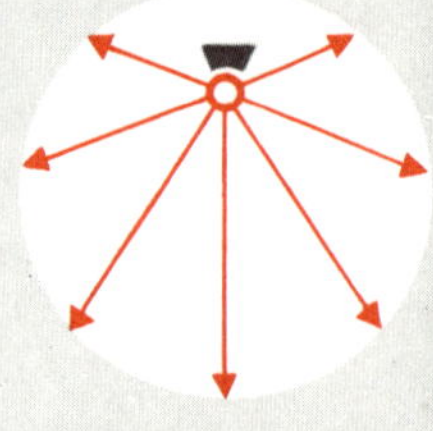

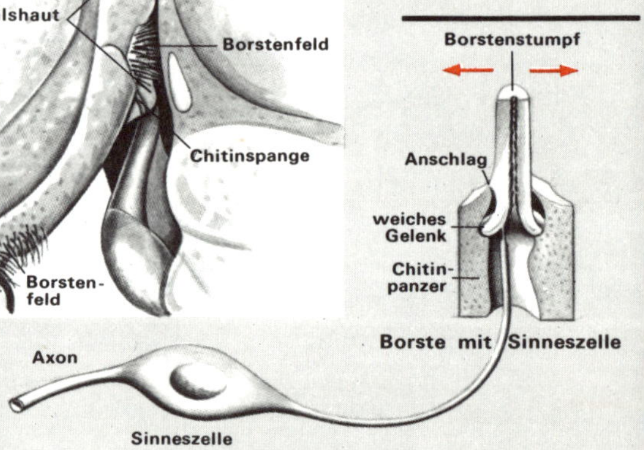

Borste mit Sinneszelle

Abb. rechts: Sinnesborste am Halsgelenk der Biene mit Sinneszelle. Die darüberstehende Richtcharakteristik gibt an, wie stark die Borste durch Abbiegung in verschiedene Richtungen erregt wird.

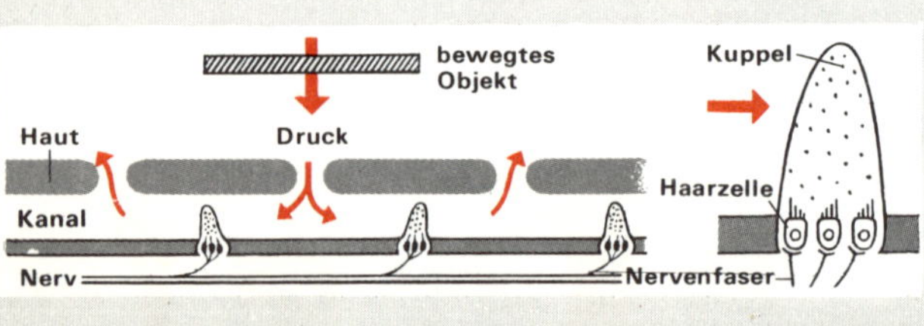

Schwänzeltanz der Honigbiene
Mit Hilfe von Sinnesborsten, die in kleinen Polstern zwischen gegeneinander beweglichen Körperteilen angeordnet sind (Abb. Mitte), können Insekten die Stellung dieser Körperteile zueinander und damit auch die Schwerkraftrichtung feststellen. Letzteres spielt z. B. bei der Verständigung der *Bienen* im Stock eine Rolle. Beim *Schwänzeltanz* auf der Wabe (Abb. Mitte links) zeigt eine erfolgreiche Sammlerin ihren Kameraden den Winkel zwischen Richtung zum Futterplatz und Sonnenstand durch ihren Tanzwinkel zur Vertikalen an.

Seitenlinienorgane sind Staudruck-Sinnesorgane von Fischen und einigen Amphibien, die der Orientierung nach der Strömungsrichtung in Gewässern und der Lokalisation von Turbulenzen dienen, die durch andere Tiere (Beute, Feind) erzeugt werden. Der Reizaufnahme dienen Gruppen von Haarzellen in Sinnesknospen, die in Öffnungen oder Kanälen der Haut liegen. Abb. links zeigt die Lage und den Aufbau der Seitenlinienorgane eines Fisches.

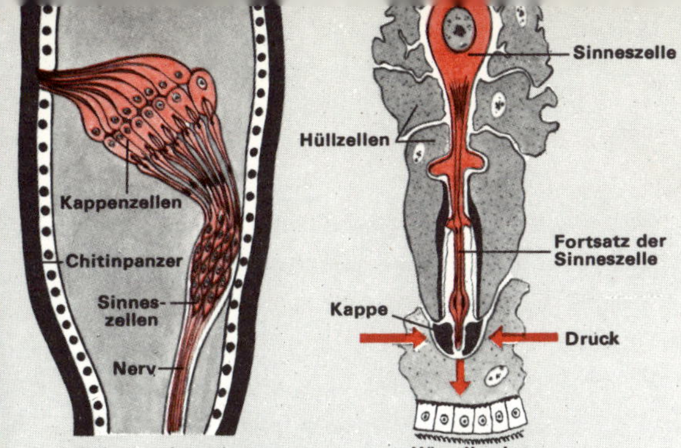

Subgenualorgan
im Bein einer Ameise

Hörzelle einer
Heuschrecke

Scolopidialorgane

Streckrezeptoren
Viele Tiere besitzen hochempfindliche Mechanorezeptoren, die auf Dehnung ansprechen. Ein solcher *Streckrezeptor* besteht im Prinzip aus einer Sinneszelle, die zwischen bestimmten, durch den Reiz gegeneinander beweglichen Teilen, z. B. des Skeletts, ausgespannt ist. Bei *Scolopidialorganen* werden die sensiblen Fortsätze der Sinneszellen durch Kappen zusammengedrückt und erregt, wenn die Anheftpunkte gegeneinander verschoben werden. Mit Hilfe solcher Organe (Abb. links) können Insekten noch feinste, z. B. durch den Tritt eines Tieres erzeugte Schwingungen der Unterlage feststellen bzw. Schallwellen hören.

Schwere- und Drehsinnesorgane der Wirbeltiere.
Haarzellen sind typische sekundäre Sinneszellen in den Schwere- und Drehsinnesorganen z. B. der Wirbeltiere. Sie reagieren auf Abbiegung der Cilien.
Zur Feststellung der Schwerkraftrichtung bzw. der Körperlage im Raum haben verschiedene Wirbellose *Statozysten* entwickelt, kleine Bläschen, deren Innenwand mit Sinneshaaren besetzt ist. Ein auf den Haaren ruhender, in Gallerte eingebetteter Kristallkörper *(Statolith)* biegt je nach Körperlage verschiedene Sinneshaare verschieden weit ab (Abb. rechts).

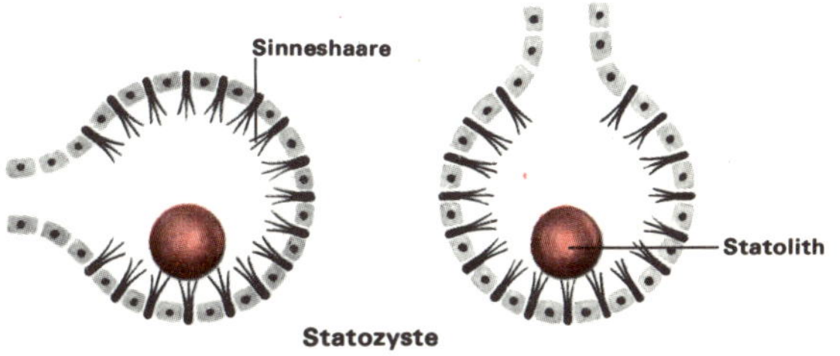

Statozyste

Labyrinthe
von Wirbeltieren

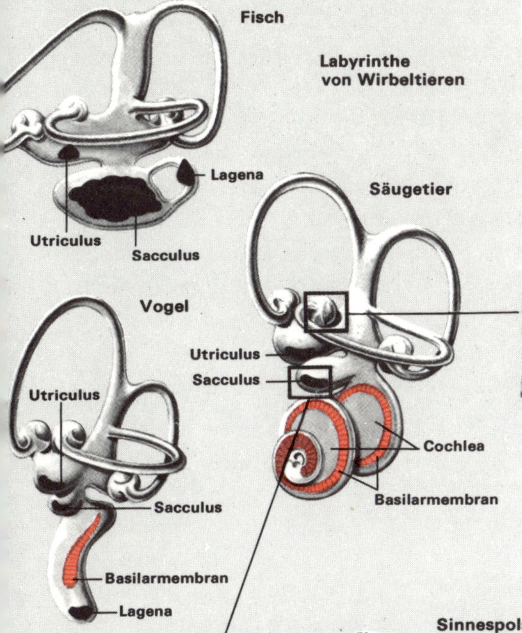

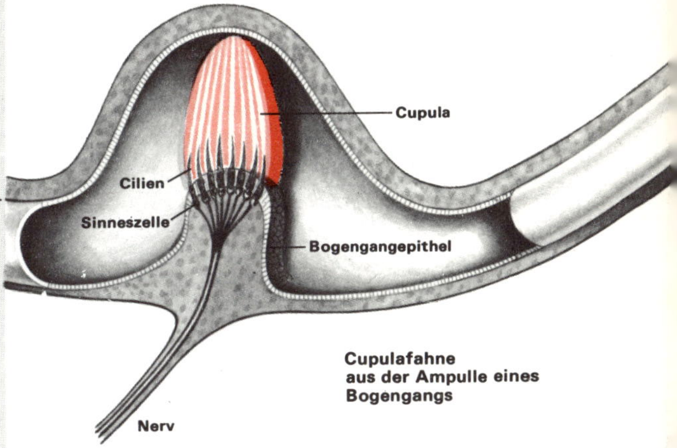

Cupulafahne
aus der Ampulle eines
Bogengangs

Sinnespolster des Sacculus
eines Säugetieres

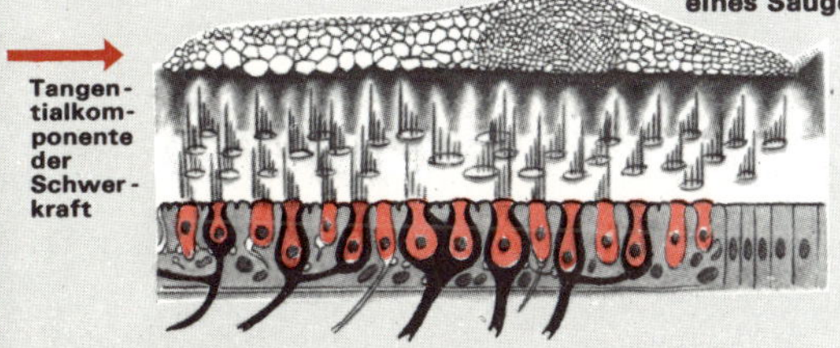

Abb. unten zeigt Sinnes- und Stützzellen aus dem Labyrinth eines Wirbeltieres. Je nach Angriffsrichtung des Reizes und Cilienanordnung werden die Sinneszellen erregt bzw. gehemmt.

Dem Drehsinn dienen die *Cupulaorgane* in den Bogengängen des Labyrinths (Abb. Mitte). Bei einer Bewegungsänderung (Drehbeschleunigung) des Kopfes bleibt die Lymphflüssigkeit in den Bogengängen aufgrund ihrer Trägheit zunächst gegenüber der Bogengangwand zurück. Durch die Relativbewegung zwischen Flüssigkeit und Wand wird die an der Wand befestigte Cupula mit den Sinneshaaren abgebogen und die Sinneszelle erregt.
Ähnlich wie die Statozysten der Wirbellosen arbeiten die Sinnespolster im *Utriculus* und *Sacculus* des Labyrinths von Wirbeltieren. Hier werden je nach Körperlage die Cilien der Sinneszellen durch den Statolithen unterschiedlich stark abgebogen (Abb. oben). Die Sinneszellen haben, kenntlich an der wechselnden Anordnung der Cilien, unterschiedliche Richtungsempfindlichkeit.

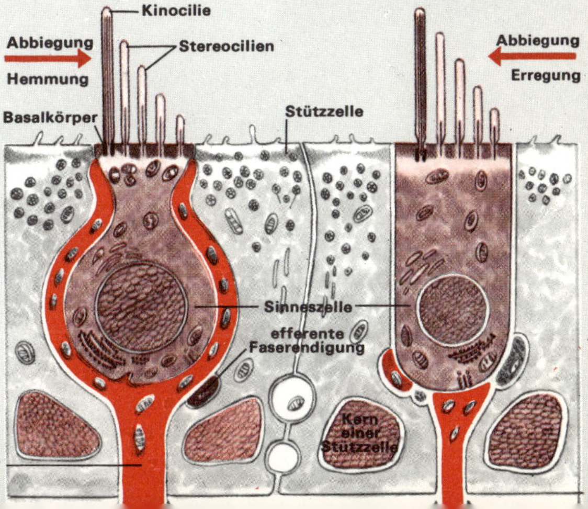

Biene ihren Stockgenossen dadurch mit, daß sie im dunklen Stock auf der senkrecht hängenden Wabe längs einer Linie läuft, deren Winkel gegen die Senkrechte genau dem Winkel zwischen Sonnenrichtung und Futterplatzrichtung entspricht. Auf diese Weise wirken Licht- und Schweresinn bei der Kommunikation in einem Sozialverband zusammen.

Vgl. Abb. Seite 102

Für die genaue Meldung über die Kopfbewegung gegen den Rumpf ist eine Information über die Bewegungsrichtung notwendig; sie wird durch die *Richtungsspezifität* in der Antwort der Borsten ermöglicht. Das asymmetrisch gebaute Gelenk mit einem Anschlag bedingt, zusammen mit der speziellen Anordnung der sensiblen Strukturen in der Borstenbasis, daß die Sinneszelle bei gleich weiter Abbiegung, aber in verschiedener Abbiegungsrichtung, mit unterschiedlich hoher Erregung antwortet. In der Meldung der Sinneszelle steckt also die Information sowohl über das Ausmaß als auch die Richtung der Abbiegung. Damit trotzdem beide Parameter unabhängig voneinander ausgewertet werden können, stehen in dem Sinnespolster Borsten mit verschiedener Richtcharakteristik. Durch Vergleich der Erregung mehrerer Sinneszellen kann das Nervensystem mit der Kenntnis der Lokalisation der zugehörigen Borsten Abbiegungs- bzw. Drehrichtung und Abbiegungs- bzw. Drehgrad des Kopfes gegen den Rumpf feststellen.

Vgl. Abb. Seite 102

Besonders leichtgängig eingelenkte dünne Borsten auf Extremitäten und Körperanhängen nehmen feinste Luftbewegungen auf und dienen als *Fernfühler.* Einige Spinnen können damit die Luftwirbel, welche von einem wenige Millimeter großen Beutetier, z. B. einer schwirrenden Fruchtfliege, verursacht werden, genau lokalisieren.

Vgl. Abb. Seite 27

Haarzellen der Wirbeltiere. Neben den „freien“ Nervenenden sind die Haarzellen die wichtigsten Mechanorezeptoren der Wirbeltiere. Es sind typische *sekundäre Sinneszellen.* Die Fortleitung der Erregung zum Gehirn übernehmen die afferenten Fasern des statoakustischen Systems und des *Nervus lateralis.* Als Endergebnis der Reizübertragung in den reizleitenden Strukturen erfolgt stets eine Abbiegung der Cilien auf den Haarzellen.

Vgl. Seite 59

Vgl. Seite 41

Vgl. Abb. Seite 103

Strömungssinnesorgane. Fische und einige Amphibien haben zur Wahrnehmung der Strömungsrichtung im Wasser an Kopf und Rumpf Gruppen von Haarzellen in Gruben oder

Kanälen der Haut *(Seitenlinienorgane)*. Die Cilien stecken in einer gallertigen Fahne (Kuppel, Cupula), die vom Wasserstrom bewegt wird. Jede Sinneszelle ist mit mehreren Reihen von Stereocilien und mit einer Kinocilie versehen. Wird die Gallertkuppel durch den Wasserstrom derart bewegt, daß die Stereocilien in Richtung der Kinocilie gebogen werden, so wird die betreffende Sinneszelle depolarisiert (erregt); die Frequenz der in der abführenden Faser laufenden Nervenimpulse wird erhöht. Werden die Stereocilien von der Kinocilie weggebogen, wird die Sinneszelle hyperpolarisiert und die Impulsaktivität der Sinnesfaser sinkt ab oder erlischt: die Sinneszellen reagieren richtungsspezifisch. In den Seitenlinienorganen liegen meist Zellen mit komplementärer Anordnung der Cilien zusammen, so daß jeweils eine Zellgruppe auf Wasserströmung aus der einen Richtung mit Erregung antwortet, die andere auf Strömung aus der entgegengesetzten Richtung. Der Strömungssinn dient nicht nur der *Orientierung* nach der Stromrichtung in Gewässern, sondern auch dem *Lokalisieren* von Turbulenzen und Strömungen, die von anderen Tieren (Beute oder Feind) verursacht werden. Bei Insekten dient z. B. das Johnstonsche Sinnesorgan (s. o.) der Perzeption von Luftströmung, bei Skorpionen sind es leicht auslenkbare feine mechanosensible Borsten.

Vgl. Abb. Seite 102

Drehsinnesorgane. Nach einem ähnlichen Prinzip arbeiten die Sinnesorgane von Crista und Cupula in den Ampullen der *Bogengänge* des Labyrinths des Innenohrapparats, welche Drehungen registrieren. Die Lymphflüssigkeit bleibt bei Drehung des Kopfes anfänglich leicht zurück gegen die Wand des Bogengangs, an dem die Cupula mit den Haarzellen festsitzt. Dadurch wird die Cupula abgebogen, und die Sinneszellen werden je nach Bewegungsrichtung und Cilienanordnung erregt bzw. gehemmt. Wenn die Drehung unverändert anhält, geht die Lymphflüssigkeit mit der Bewegung mit; die Cupula wird nicht mehr abgebogen, die Sinneszellen nicht erregt. Erst bei einer Änderung der Drehung (Beschleunigung oder Verzögerung) bewirkt die zurückbleibende Endolymphe wieder Abbiegung und Erregung bzw. Hemmung: der adäquate Reiz ist (wieder bedingt durch die Reizleitung) die *Drehbeschleunigung*. Durch die Anordnung der drei Bogengänge in drei annähernd senkrecht aufeinander stehenden Ebenen spricht bei jeder Kopfdrehung wenigstens in einem Kanal ein Sinnesorgan an.

Vgl. Abb. Seite 103

SCHWERESINNESORGANE. Sinnespolster (Maculae) in Sacculus und Utriculus im *Labyrinth* der Wirbeltiere dienen als Schweresinnesorgane. Auf einer Gallertkuppel über den Haarzellen liegen Kalkkristalle als Beschwerung. Bei einer Kopfkippung um eine Körperachse werden die Cilien der Haarzellen durch die tangential am Polster angreifende Komponente des Gewichts, die *Scherung*, abgebogen. Aus Versuchen mit variierter Schwerkraft kann man schließen, daß die Scherung und nicht der Druck auf das Polster den adäquaten Reiz darstellt. Mit der Scherkraft als Parameter (Abbiegen der Cilien) arbeitet das Sinnesorgan in einer günstigeren Kennlinie als mit dem Druck des Statolithen auf das Polster (Stauchung der Haarzellen).

Vgl. Abb. Seite 103

Vgl. Seite 69

Die Scherung verläuft proportional dem Sinus des Kippwinkels, ändert sich also maximal pro Grad Kippung in der Nähe der Normallage. Damit können bei linearer Kennlinie der Rezeptoren bereits leichte Kipplagen gut gemeldet werden. Ein Maximum der Erregung ergibt sich bei senkrechter Stellung des Sinnespolsters, z. B. wenn der Kopf eines Menschen ganz zur Seite gelegt ist. Bei Stauchung als adäquatem Reiz läge das Reizmaximum bereits in der Normallage, die größte Reizänderung pro Grad bei Kippwinkeln um 90°, also in der Extremlage.

Vgl. Seite 64

Ebenfalls mit Scherung als rezeptoradäquatem Reiz arbeiten die *Statocysten* von Quallen, Krebsen und Weichtieren. Statocysten sind Hohlräume, z. B. bei Krebsen in das Grundglied des ersten Fühlerpaares eingesenkt, die von einem Haarpolster ausgekleidet sind. Diese Haare sind bei Krebsen typische Sinnesborsten (s. o.), bei den Weichtieren sind sie Bildungen von Haarzellen ähnlich wie bei den Wirbeltieren; es handelt sich jedoch um primäre Sinneszellen mit eigenen Axonen. Die Schweresinnesorgane von Insekten arbeiten mit Hilfe von mechanosensiblen Borsten (s. o.). Schwere- und Drehsinnesorgane sind mit vielen Zentren des motorischen Systems reflektorisch verschaltet, so daß der Körper bei einer plötzlichen Lageänderung rasche Kompensationsbewegungen ausführen kann. Besonders wichtig sind sie für fliegende, schwimmende und springende Tiere, da der mechanische Kontakt zur Unterlage als Kontrollreiz fehlt.

Vgl. Seite 101

GEHÖRSINN. Gehörsinnesorgane sind besonders hochentwickelte mechanosensorische Organe mit komplizierter Funktionsweise. Die Analyse von Tönen, Lauten und Geräu-

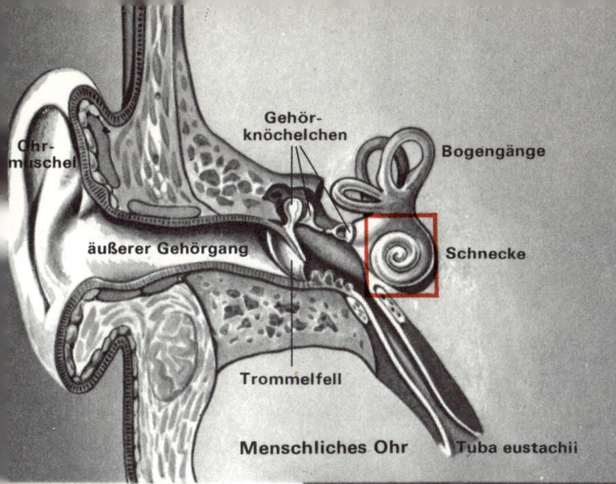

Gehörsinnesorgane sind hochentwickelte mechanosensorische Organe zur Wahrnehmung von Schallwellen; sie dienen u. a. der Verständigung und dem Beutefang. Echte Gehörsinnesorgane finden wir nur bei Gliederfüßern, z. B. Insekten, und Wirbeltieren.

Das Säugerohr
Die durch die *Ohrmuschel* »gesammelten« Schallwellen gelangen durch den *äußeren Gehörgang* zu einer ausgespannten Membran (*Trommelfell*, Abb. links) und versetzen diese in synchrone Schwingungen. Die Schwingungen des Trommelfells werden durch das Hebelsystem der *Gehörknöchelchen (Hammer, Amboß* und *Steigbügel)* über das *ovale Fenster* auf die Flüssigkeit im Innern der spiralig aufgewundenen *Schnecke (Cochlea)* übertragen. Die Schnecke ist nahezu über ihre ganze Länge durch die *Basilarmembran* in zwei Gänge *(Scala vestibuli* und *Scala tympani)* unterteilt. Die auf der Basilarmembran sitzenden Haarzellen werden durch die die Schnecke durchlaufenden Wanderwellen erregt.

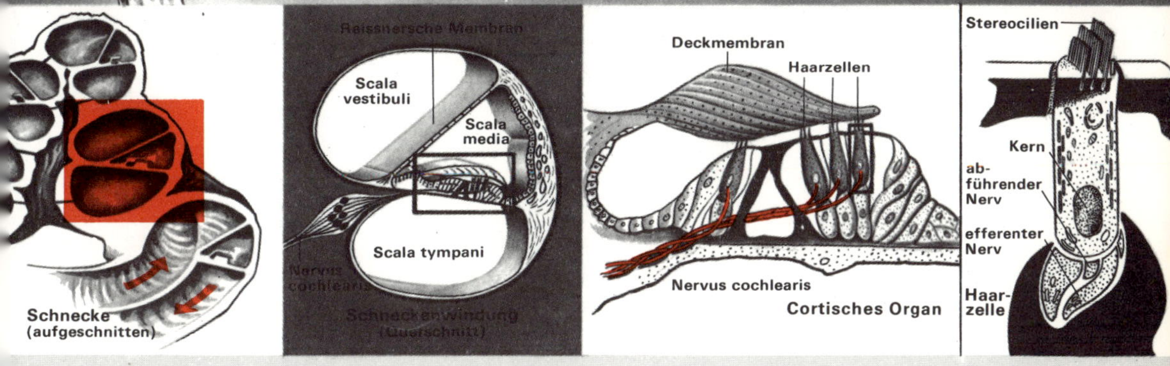

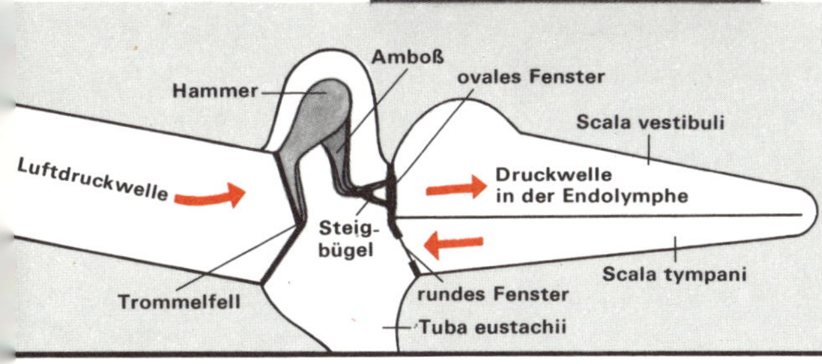

Die Abbildungsreihe oben zeigt an einem Querschnitt durch eine Schneckenwindung die Lage und den Aufbau des eigentlichen Hörorgans (*Cortisches Organ*). Die stark schematisierte Darstellung des Säugerohrs (links) veranschaulicht den Weg des Schallsignals vom äußeren Gehörgang über Trommelfell, Gehörknöchelchen und ovales Fenster in die Schnekkengänge. Die roten Pfeile geben die Ausbreitungsrichtung der Wellen an.

schen verlangt die Verarbeitung vieler Parameter (Frequenz, Amplitude, Ein- und Ausschwingen, Erkennen von Lautmustern und Klangfarben, Richtung und Entfernung einer Schallquelle). Besonders wichtig ist eine präzise Erfassung des Zeitverlaufs der Reize. Viele Tiere bedienen sich ihrer Ohren beim Beutefang (Eulen, Raubtiere); die größten Anforderungen an die Hörorgane stellt aber die Analyse der Verständigungssignale, etwa der Zirpgesänge der Grillen, des Gesangs der Vögel und auch der menschlichen Sprache.

Schallempfänger bei Insekten sind meist Trommelfelle in Verbindung mit Scolopidialzellen am Bein oder einem Körpersegment *(Tympanalorgane).* Bei Auslenkung des Trommelfells durch den Schalldruck werden die Aufhängungen der Sinneszellen gedehnt. Grillen hören im Bereich zwischen 2 und 4 kHz, Laubheuschrecken zwischen 10 und 100 kHz,

Vgl. Seite 100

einige Nachtschmetterlinge noch weiter im Ultraschallbereich (bis 250 kHz). Bei so hohen Frequenzen empfangen Sinneszellen nicht mehr einzelne Schallschwingungen; vielmehr wird das Hörorgan aufgrund seiner mechanischen Konstruktion und speziellen Eigenschaften der Sinneszellen bei bestimmten Frequenzen am stärksten erregt. Einigen Insekten dient auch das *Johnstonsche Sinnesorgan* im zweiten Antennenglied als Hörorgan. Die büschelartigen Fühler männlicher Stechmücken werden aufgrund ihrer günstigen Resonanzeigenschaften durch das Summen der Weibchen in reizsynchrone Schwingungen versetzt. Dabei werden über den Schaft des Fühlers die Scolopidialzellen gedehnt und entdehnt. Der Summton entsteht durch das rasche Flügelschlagen (einige hundert Mal pro Sekunde) der Weibchen beim Flug. Die Mückenmännchen erkennen ein Weibchen an dem vom eigenen verschiedenen Summton. Die Erregung im Johnstonorgan folgt Reizfrequenzen bis zu 500 Hz mit synchronen Entladungen.

Vgl. Seite 101

Bei *Fischen* dient als *Hörorgan* eine Art Schweresinnesorgan: Im Sacculus und der Lagena des Labyrinths liegen durch Gallerte fest verbackene Hörsteine über einigen tausend Haarzellen. Als schallaufnehmender Apparat dient die kompressible, luftgefüllte Schwimmblase. Bei karpfenartigen Fischen (z. B. Elritzen) wirken einige Knochen als Schalleiter von der Schwimmblase zum Labyrinth. Mit diesem einfachen Apparat können Fische Töne mit Frequenzen bis über 5 kHz wahrnehmen; die Tonunterscheidung endet jedoch im Bereich von etwa 1200 Hz. Die Absolutschwelle liegt in ähnlichem Bereich wie die anderer gut hörender Wirbeltiere.

Vgl. Seite 103

Die Ohren höherer Wirbeltiere

Die Ohren von Vögeln und Säugetieren können mit Hilfe einer *schwingenden Basilarmenbran* sehr komplizierte Schallreize verarbeiten. Ihnen gelingt die Analyse von Frequenzanteilen, Frequenzübergängen und anderen Zeitmustern auch in kompliziert zusammengesetzten Geräuschen.

Vgl. Seite 107

Den Eingang des Säugerohrs umgibt eine oft rechte große Ohrmuschel zur Schallsammlung und Peilhilfe. Die Druckschwankungen der Luftschallwelle versetzen eine ausgespannte Membran *(Trommelfell)* in synchrone Schwingungen, die dann über die *Hörknöchelchen* auf die *Schnecke* übertragen werden. Im Bereich der Hörschwelle ist die Schwingungsweite ca. 10^{-8} cm. Am Übergang zwischen Mittel- und Innenohr steigt der Schallwiderstand zwischen Luft und dem System flüssigkeitsgefüllter enger Hohlräume in der

Schnecke auf das 3500fache. Die zur Überwindung dieses Widerstands notwendige Kraftübersetzung wird durch eine günstige Hebelanordnung der Hörknöchelchen und eine starke Untersetzung der bewegten Querschnittsflächen (Trommelfell – ovales Fenster) erreicht. Die mechanischen Eigenschaften des Mittelohrapparats bestimmen entscheidend die Qualität der Reizübertragung. Die Eigenfrequenz der menschlichen Hörknöchelchen bei etwa 2 kHz bedingt eine besonders gute Übertragung in diesem Frequenzbereich; hier liegt auch die höchste Empfindlichkeit des Ohrs.

Die Schnecke *(Cochlea)* ist ein spiralig gewundener flüssigkeitsgefüllter Gang in der Schädelkapsel, der blind endet und längs von einem ebenfalls flüssigkeitsgefüllten, im Querschnitt etwa dreieckigen Schlauch (Scala media oder Ductus cochlearis) in zwei Gänge (Scala vestibuli und Scala tympani) unterteilt ist. Die Scala media endet blind etwas vor dem Ende des Schneckengangs; dort stehen Scala vestibuli und Scala tympani in Verbindung. Gegen das Mittelohr ist die Scala vestibuli durch die Membran des *ovalen Fensters* verschlossen, die Scala tympani durch die Membran des *runden Fensters.*

Die *Gehörrezeptoren* sind Haarzellen ohne Kinozilien (in manchen Fällen ist noch der Rest eines Basalkörpers sichtbar). Die Zellen liegen in einer inneren und 3–5 äußeren Reihen in Längsrichtung auf der Basalmembran; die Stereocilien liegen gegen die Innenseite, die Basalkörper gegen die Außenseite. Eine Querverschiebung der Deckmembran *(Membrana tectoria)* über den Haarzellen biegt in einer bestimmten Phase die Stereocilien gegen die Basalkörper. An allen Haarzellen (auch an denen in Gleichgewichtssinnesorganen) enden *efferente Nervenfasern,* über welche die Erregung der Haarzellen oder der abführenden Axone beeinflußt werden kann.

Vgl. Seite 107

Beim Auftreffen einer Schallwelle auf das Trommelfell drückt der Steigbügel im Rhythmus der Schwingung das ovale Fenster in die Scala vestibuli; die inkompressible Flüssigkeit gibt den Druck in die Scala tympani (um die Scala media herum oder durch sie hindurch) weiter, bis sich das runde Fenster ausbeult. Dabei geraten die Wände des Innenschlauchs (Reißnersche Membran und *Basilarmembran*) in Bewegung. Da die Deckmembran an einem etwas anderen Punkt festsitzt als die Basilarmembran, verschieben sich beide gegeneinander in Querrichtung hin und her; dadurch werden

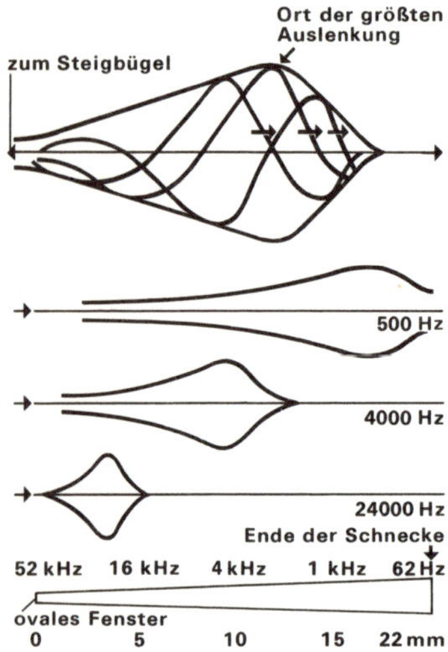

Hörtheorie von v. Békésy
Die Druckwelle (Wanderwelle), erreicht je nach Schallfrequenz ihr Schwingungsmaximum an verschiedenen Orten der Basilarmembran (Abb. oben). Abb. unten: Schema der Basilarmembran mit den Regionen maximaler Schwingungsamplitude bei den eingetragenen Frequenzen.

die Cilien der Haarzellen abgebogen. Bei niedrigen Tonfrequenzen bis zu einigen hundert Hertz folgen die Impulsentladungen in den ableitenden Nervenfasern den Reizwechseln; die Impulssalven erfolgen synchron zu bestimmten Phasen der Schallwellen. Bei höheren Frequenzen können die Fasern in der Hörbahn nicht mehr direkt folgen. Das Nervensystem behilft sich damit, daß alle Fasern nur zu einer bestimmten Phase der Schallwelle ansprechen. Verpassen sie diesen Moment, so können sie erst am entsprechenden Punkt des nächsten oder übernächsten Wellenzugs antworten. Man kann sich vorstellen, daß dies mit einer Richtungsempfindlichkeit der Haarzellen zusammenhängt, die nur erregt sind, wenn die Stereocilien gegen den Basalkörper abgebogen werden; das ist nur in einer bestimmten Phase der Schwingung der Fall. Von der großen Zahl der vorhandenen Fasern stehen auch bei höheren Frequenzen immer einige bereit, auf die kommende Schwingung zu antworten; die über die ganze Population der Neurone gemessene Aktivität folgt exakt der Schwingungsfolge. Für Fische ist dies wahrscheinlich die einzige Möglichkeit einer Codierung der Schallfrequenz.
Im noch höheren Frequenzbereich (ab einigen hundert Hertz in zunehmendem Maße) arbeitet das Analysiersystem nach einem anderen Prinzip. Die komplizierte mechanische Konstruktion der Schnecke mit speziellen Versteifungen, verschiedener Breite und Steife der Basilarmembran in verschiedenen Regionen, sowie verschiedener Tiefe und unterschiedlicher Grundbelastung der Skalen bedingen ein schwer darstellbares mechanisches Verhalten der schwingenden Teile. Das Resultat ist, daß beim Aufdrücken des Steigbügels auf das ovale Fenster eine sich merkwürdig verhaltende Druckwelle über die Basilarmembran wandert: Je nach der Wechselfrequenz wandert sie verschieden weit und an verschiedenen Stellen mit verschiedener Geschwindigkeit über die Länge der Basilarmembran und erreicht an verschiedenen Stellen *je nach Wechselfrequenz verschiedene Amplitude.* Bei einer bestimmten Tonfrequenz werden die Haarzellen einer bestimmten Region am meisten erregt: Die Zellen in der Nähe des ovalen Fensters (hier ist die Basilarmembran am steifsten und schmalsten) antworten bei hohen Frequenzen, die in der Nähe des Schneckenendes (Basilarmembran ist am breitesten und weichsten) bei tiefen Frequenzen. Der Parameter *Frequenz* (Tonhöhe) wird also durch die *Lokalisation* der höchsten Erregung in dem Band der Haarzellen wieder-

gegeben. Je stärker der Schalldruck, desto weiter schwingt das System, und desto stärker werden die Haarzellen erregt.
Im hohen Frequenzbereich übertragen die Hörknöchelchen nur noch schlecht; die Empfindlichkeit des Gehörs ist hier weniger hoch. Ab etwa 800–2000 Hz können jedoch Kopfhaut und Schädelknochen als zusätzliche Überträger für Schall dienen; es werden Kompressionswellen direkt auf die Schnecke übertragen. Die zentrale Frequenzanalyse erfolgt durch *frequenzabgestimmte Hirnzellen*, die durch laterale Inhibition aus dem breiten Muster der bei einer bestimmten Frequenz mehr oder weniger erregten Hörzellen ein scharf begrenztes Frequenzband ausschneiden. Durch die sich überlappenden Abstimmkurven vieler Hirnzellen und ihre präzise Abstimmung ist eine sehr genaue Frequenzanalyse möglich. Einige Beobachtungen sprechen dafür, daß auch an den Haarzellen indirekt gegenseitige Hemmung über die efferenten Fasern zu einer Verengung des übertragenen Frequenzbands führt. In den Hörzentren einiger Säugetiere (Fledermäuse) findet man spezifische Neurone für komplexe Reizparameter. Es gibt dort Zellen, die z.B. nur auf frequenzmodulierte Töne ansprechen und dabei auf die Art der Modulation spezialisiert sind (sie unterscheiden z.B. zwischen den Lauten „uuiitt“ und „iiuu“); es sind, wie im Sehsystem, ausgesprochene Filtermechanismen tätig.
Das Frequenzgemisch eines Klangs (oder eines Sprechlauts) wird an der Basilarmembran und in den abgestimmten Hirnzellen analysiert und codiert. Aus der Gesamtaktivität der beteiligten Neurone kann das Klangbild dann im Gehirn synthetisiert werden.

Leistungsgrenze des Ohres

Die *mechanische Empfindlichkeit* der Haarzellen ist außerordentlich hoch. Selbst bei hohen Lautstärken (starkes Motorengeräusch) schwingt die Basilarmembran nur um ca. 1 μm. Ein sehr leises Geräusch von ca. $2 \cdot 10^{-4}$ μbar Schalldruck (Hörschwelle des Menschen bei 3000 Hz) kann über Trommelfell, Hörknöchelchen und Basilarmembran die Haarzellen immer noch so stark erregen, daß in den ableitenden Fasern Nervenimpulse entstehen. Die Schwingungsweite der Basilarmembran ist dabei kleiner als 0,1 nm (zehnmillionstel Millimeter). Damit gerät der Arbeitsbereich der Basilarmembran des Ohrs in den Bereich der thermischen (Brownschen) Molekularbewegungen, die am Eingang des Hörsystems wie ein gleichmäßiges Grundrauschen liegen. (Ähnlich tönt aus dem Lautsprecher eines Radios bei hoher Verstärkung ohne

Musik oder Sprache das Grundrauschen der Widerstände und Transistoren.) Ein schwaches Tonsignal ragt vielleicht nicht durch seine Amplitude aus dem Rauschpegel, wohl aber durch seine diskreten Eigenschaften: es wirkt selektiv auf bestimmte Regionen der Basilarmembran (das Rauschen liegt gleichmäßig über allen Bereichen), es hat einen sehr speziellen Zeitverlauf und tritt als Schallschwingung periodisch auf. Schon nach einigen Schwingungsabläufen kann das Nervensystem ein solches Signal durch Mittelung von den statistisch verteilten Vorgängen des Rauschens trennen.

Vgl. Seite 61

Der *Arbeitsumfang* des menschlichen Ohrs umfaßt die Frequenzen zwischen etwa 20 und 20000 Hz. Im mittleren Frequenzbereich zwischen 500 und 3000 Hz ist die Empfindlichkeit besonders groß, ebenso die Dynamik, d.h. der Arbeitsbereich, innerhalb dessen Lautstärken unterschieden werden können. Sie umfaßt hier den Bereich zwischen $2 \cdot 10^{-4}$ µbar *(Absolutschwelle)* und 10^3 µbar *(Schmerzgrenze)*; in anderen Frequenzbereichen ist die Empfindlichkeit wesentlich geringer. Die Frequenz-(Tonhöhen-)Unterscheidung ist ebenfalls in diesem Bereich sehr gut (0,3–0,5%), am besten aber zwischen 80 und 600 Hz (0,1%). Eine absolute Messung der Tonfrequenz ist nur für die wenigen Menschen möglich, die ein *absolutes Gehör* besitzen.

Alle genannten Werte gelten für optimale Lautstärke und ohne Störungen durch andere Geräusche; sie ändern sich stark beim Auftreten von Hintergrunds- und Störgeräuschen. Normalerweise sichert sich das akustische System vor permanenter Überflutung durch Hintergrundsgeräusche (Straßenverkehr, Radiomusik, Stimmen im Hintergrund) durch Abschalten der entsprechenden Kanäle, die bei Bedarf (Hinhören) wieder eingeschaltet werden. Trotzdem ist der Schutz vor „uninteressanten" und nicht bewußt verwerteten Geräuschen nicht vollkommen; selbst im Schlaf können aus einer lauten Umgebung (Flughafen, Straße) so viele akustische Signale in das Gehirn gelangen, daß der Organismus einer schädlichen Dauerbelastung ausgesetzt ist.

Die Hörorgane kleiner Säugetiere (Mäuse) arbeiten bis weit in den *Ultraschallbereich* hinein; Katzen haben einen Hörbereich zwischen 200 und 35000 Hz, dafür werden tiefere Töne nicht mehr wahrgenommen. Bei großen Säugern ist es umgekehrt: Elefanten hören gut im Bereich niedriger, schlecht in dem hoher Frequenzen. Eine Ausnahme sind Delphine welche noch Töne im Ultraschallbereich verarbeiten; sie verfügen über ein großes Repertoire von Geräuschsignalen und ein gutfunktionierendes Gehörorgan. Die Leistungen des Gehörsinns der Vögel scheinen im Bereich desjenigen von Säugern zu liegen. Das zeitliche Auflösungsvermögen für rasch aufeinanderfolgende Töne (Triller) und Frequenzänderungen liegt höher; auch können hohe Frequenzen noch besser unterschieden werden.

Richtungshören

Die Fähigkeit zur *akustischen Lokalisation* einer Geräuschquelle ist im Tierreich weit verbreitet. Raubtiere, wie z.B. Eulen, verwenden sie beim Beutefang; viele Tiere, z. B. Grillen, finden Partner oder Rivalen mit Hilfe der von diesen abgegebenen Geräuschen. Eine akustische Lokalisation ist dann möglich, wenn die Schallquelle außerhalb der gedachten Mittellinie zwischen zwei Gehörorganen liegt und damit verschiedene Signale zu den beiden Organen gelangen. Wie bei vielen Lokalisationsweisen werden auch hier die Sinneseingänge beider Körperseiten verglichen. In einem Fall wird die unterschiedliche Stärke der Signale, also die *Erregungsdifferenz* ausgewertet. Ohren haben ausgeprägte *Richtcharakteristik:* Schallwellen gleicher Stärke wirken je nach Einfallswinkel verschieden stark. Dabei arbeiten die Ohrmuscheln noch als zusätzliche Richtinstrumente. Meist ist die Richtcharakteristik frequenzabhängig und je nach Tonhöhe schmaler oder breiter. So werden verschiedene Frequenzanteile eines Geräusches zusätzlich unterschiedlich stark in beiden Ohren empfangen, wodurch ein Unterschied in der Klangfarbe entsteht. Durch Drehen des Kopfes bzw. des Körpers oder durch Verstellen der Ohrmuscheln wird die Peilung noch genauer.
Eine andere Methode des Richtungshörens ist die Messung der *Laufzeitdifferenz.* Schall kommt an dem weiter von der Schallquelle entfernten Ohr (beim Menschen beträgt der Abstand beider Ohren ungefähr 20 cm) ca. 0,1–0,5 m/sec später an. Diese Zeitdifferenz wird an einem Ort der Hörbahn gemessen, wo die Meldungen beider Ohren auf die Dendriten bestimmter Neurone zusammengeschaltet sind. Erreicht ein scharfer kurzer Klicklaut z. B. das rechte Ohr, werden einige dieser Neurone erregt. Erreicht etwas später ein zweiter Klickreiz das linke Ohr, so blockiert die Erregung in dieser Bahn kurzzeitig die Neurone der rechten Bahn. Das später gereizte Ohr hemmt die Vergleichsneurone des früher gereizten. Die Hemmung ist kurz und graduiert: Kommt der linke Reiz 0,2 m/sec nach dem rechten, ist die Antwort des Vergleichsneurons weniger wahrscheinlich, kommt er

0,5–1 m/sec später, ist der Block vollkommen, zwischen 1 und 1,5 m/sec wieder schwächer. Obwohl einzelne Neurone nicht mit einer Zeitgenauigkeit von mehr als einigen m/sec arbeiten, werden im Mittel in einer großen Zahl von Neuronen Zeitdifferenzen von Bruchteilen von Millisekunden gemessen. Menschen können eine Schallquelle schon lokalisieren, wenn sie um 3–5° asymmetrisch zur Sagittalebene zwischen den beiden Ohren liegt (Laufzeitdifferenz 30 μsec). Eulen können sogar Richtungsdifferenzen von nur 1 Winkelgrad feststellen.

Ultraschallpeilung der Fledermäuse

Ein akustisches Orientierungssystem, welches nahezu die räumliche Auflösung des Gesichtssinns erreicht, ist die Ultraschallpeilung der Fledermäuse. Fledermäuse senden sehr starke hochfrequente Peillaute von 1/500–1/20 sec Dauer aus, die an Gegenständen reflektiert werden. Mittels des Echos können die Tiere im Dunkeln Entfernung, Richtung und sogar Oberflächeneigenschaften des Objekts mit dem Gehör erkennen. Die genaue Meldung von Laufzeitdifferenzen und Frequenzanteilen im reflektierten Schall erfordert eine äußerst präzise Verarbeitung kleinster Frequenz- und Amplitudendifferenzen. Die Tonhöhe der ausgestoßenen Laute liegt im Bereich zwischen 50 kHz bis über 100 kHz, also in dem für den Menschen unhörbaren Ultraschallbereich. Sehen wir abends jagende Fledermäuse umherfliegen, müssen wir uns vergegenwärtigen, daß sie 10 bis 30mal in der Sekunde Schreie ausstoßen, deren Schalldruck etwa dem Fehlzündungsknall eines Benzinmotors entspricht. Mit dieser Dauerpeilfrequenz sucht das Tier die Umgebung ab. Nähert es sich einem Gegenstand (Empfang eines starken Echos), folgen die Peillaute bis zu 250mal in der Sekunde aufeinander; der Gegenstand wird akustisch fein abgetastet. Fledermäuse können Drähte von nur einem Zehntel Millimeter Dicke noch aus einigen Metern Entfernung mit Hilfe dieser Peilung erkennen. Im Experiment hat man beobachtet, daß sie im Dunkeln durch Gitter aus feinen Drähten fliegen, ohne anzustoßen, selbst wenn die Maschenweite so klein ist, daß im Moment des Durchfliegens die Flügel angelegt werden müssen.

In ihrem Lebensraum fangen Fledermäuse nachts im raschen Flug Insekten und weichen sehr geschickt Hindernissen aus. Es gibt in Mittelamerika und im nördlichen Südamerika eine Art, die mit Hilfe ihres Ultraschallradars sogar Fische knapp unter der Wasseroberfläche im Sturzflug ortet und greift. Sie lokalisiert dabei wahrscheinlich die von der Beute erzeugten

Wellen oder herausragende Flossen. Einige Beutetiere können sich gegen dieses präzise Ortungssystem wehren. Die Tympanalorgane mancher Nachtschmetterlinge reagieren sehr gut auf die Ultraschallaute der Fledermaus; sie enthalten sogar spezifische Hörzellen für verschiedene Intensitätsbereiche, von denen nur eine anspricht, wenn die Fledermaus ganz nahe ist. Dann läßt sich der Schmetterling in einer schwer zu verfolgenden Bahn zu Boden oder ins Gebüsch trudeln. Einige dieser Schmetterlinge haben einen schallschluckenden Schuppenpelz entwickelt, der die Peillaute der Fledermaus nicht reflektiert.

Chemische Sinne

Alle Tiere besitzen chemische Sinne zum Aufsuchen oder mindestens zur Kontrolle der Nahrung und zur Vermeidung eines Kontakts mit bzw. einer Aufnahme von schädlichen Stoffen. Besonders die höheren Tiere bedienen sich darüber hinaus chemischer Sinnesorgane zum Aufsuchen des Geschlechtspartners, zur Wahrnehmung von Feinden, zur Kommunikation im Sozial- und Artverband u.a.m. Über die chemischen Sinne von niederen Tieren und auch die von Mollusken wissen wir nur wenig. Manche Einzeller finden Nahrungsquellen durch Fortbewegung entlang eines Konzentrationsgefälles der diffundierenden Stoffe. Ein Strudelwurm in einem Bach wird durch freiwerdende Stoffe aus verletztem oder verwesendem Gewebe alarmiert und schwimmt gegen die Strömung in der „Geruchsfahne“, bis er auf das Futter stößt. Man findet auch phobische Reaktionen: Abwenden und Flucht vor ätzenden und anderen schädlichen Stoffen. Meeresmuscheln bemerken die Nähe ihrer ärgsten Feinde, der Seesterne, an deren Geruch und schließen rasch ihre Schalen.

Die Unterteilung der chemischen Sinne

Die Unterteilung der chemischen Sinne in Geruchs- und Geschmackssinn entstand durch die menschliche Erfahrung, daß bestimmte chemische Reize nur auf die Zunge, andere nur auf die Nase wirken. Mit einigem Vorbehalt kann man diese Einteilung aufgrund anatomischer und physiologischer Kriterien auch auf alle Wirbeltiere und Insekten ausdehnen und definieren:

Schmeckreize sind gewöhnlich Kohlenhydrate (verschiedene Zucker), Salze, Alkaloide (Bitterstoffe), Säuren, Wasser, Aminosäuren usw. Sie wirken bei Wirbeltieren auf sekundäre

Sinneszellen, die meist in Geschmacksknospen auf der Zunge (bei Fischen auch auf der Außenhaut, z.B. bei Welsen auf den Barteln) liegen, bei Insekten und auch Krebsen auf primären Sinneszellen in Schmeckborsten auf Mundwerkzeugen, Fühlern und Füßen. Gewöhnlich gelangen Schmeckreize in wäßriger Lösung von der Reizquelle zu den Rezeptoren. *Geruchsreize* finden sich in großer Vielfalt meist unter organischen Substanzen aus der Verwandtschaft ätherischer Öle, Fruchtester, Fettsäuren, Schwefel- und Stickstoffverbindungen, Terpenen, Alkoholen, Aldehyden usw. Sie wirken bei Insekten auf primäre Sinneszellen in Sinneshaaren vor allem auf den Fühlern, bei Wirbeltieren auf primäre Sinneszellen in den Schleimhäuten des Nasen-Rachen-Raums (Riechschleimhaut). Geruchsreize gelangen bei Luftatmern gewöhnlich gasförmig oder als Aerosol, bei Wasserbewohnern natürlich in Wasser gelöst, zum Sinnesorgan. Bei Weichtieren, Krebsen und niederen Tieren spricht man von einem chemischen Sinn ohne weitere Unterteilung.

GESCHMACKSSINN. Ein einfaches Experiment zeigt, daß Fliegen Rohrzucker (Saccharose) und Kochsalz (Natriumchlorid) unterscheiden können. Läßt man eine hungrige Fliege auf einer Fläche herumlaufen, auf der einige Tropfen Zuckerwasser verspritzt sind, so streckt sie sofort den Rüssel heraus und beginnt zu saugen, wenn ein Fuß in einen der Tropfen gerät. Tropfen mit reinem Wasser führen dagegen nur zum Saugen, wenn die Fliege durstig ist. Salzwasser wird nicht aufgenommen; der Rüssel kommt nicht heraus oder wird, wenn er ausgestreckt war, sofort eingezogen. Man kann sogar Zuckerwasser für die Fliege mit Salz „vergällen".

Die Geschmacksqualitäten

Die *Schmeckhaare* von Insekten und Krebsen sind Bildungen der Kutikula, der harten Außenhaut des Körpers; mehrere Sinneszellen unterhalb der Kutikula senden sensible Ausläufer durch einen Kanal in dem Haar bis zu einer Öffnung in der Spitze. Stülpt man ein feines Röhrchen mit Schmecklösung über die Spitze des Schmeckhaares einer Fliege und registriert die Reaktionen der Sinneszellen, so findet man, daß die einzelnen Zellen selektiv nur auf jeweils eine bestimmte Klasse von Stoffen antworteten: Zelltyp 1 reagiert auf verschiedene Kohlenhydrate (z.B. Saccharose und Glucose), Zelltyp 2 auf anorganische Salze (z.B. NaCl und KCl), Zelltyp 3 nur auf reines Wasser oder sehr verdünnte Schmecklösung. Es bildet also eine Gruppe von Stoffen (oder ein Stoff) jeweils den adä-

Vgl. Abb. Seite 118

quaten Reiz für *einen* Zelltyp und repräsentiert eine einheitliche Sinnesqualität: Saccharose und Fructose beispielsweise schmecken für Fliegen „zuckerig“ und damit qualitativ gleich. Innerhalb einer Stoffklasse gibt es jedoch Substanzen höherer und geringerer Wirksamkeit: Saccharose ist in gleicher Konzentration süßer als Fructose. Fliegen können mindestens drei Geschmacksqualitäten unterscheiden: Salze, Zucker und Wasser. Tagschmetterlinge haben ebenfalls getrennte Rezeptoren für Salze und Zucker, Bienen können darüber hinaus auch „Bitterstoffe“, wie Chinin, unterscheiden. Für eine Nahrungskontrolle reicht dieses Inventar von Rezeptoren aus. Futterstoffe (Blütennektar oder Fruchtfleisch) aktivieren die Zuckerrezeptoren, die Meldung der Salzrezeptoren bedeutet „nicht“ oder „schlecht genießbar“. Das Nervensystem vergleicht die Meldung aber zuerst mit den Informationen über Nahrungs- und Wasserbedarf, bevor es die Rüsselreaktion in Gang setzt. Eine sattgefressene Fliege streckt den Rüssel auch nicht bei starkem Zuckerreiz aus.

Bei *Wirbeltieren* wird die Geschmacksqualität etwas anders in nervöse Erregung übertragen. Verschiedene Stoffgruppen (Salze, Zucker, Säuren, Bitterstoffe) können gut unterschieden werden; die Sinneszellen reagieren jedoch auf viele Stoffe, manchmal auf Vertreter aller Gruppen. Entsprechend antworten auch die meisten ableitenden Fasern z. B. in der Zunge einer Ratte sowohl auf Saccharose wie auf Salzsäure, Kochsalz und Chinin. Die Reaktionen auf die verschiedenen Stoffe sind jedoch unterschiedlich: Ein Fasertyp antwortet stärker auf Zucker als auf Salz, ein anderer stärker auf Salz als auf Zucker *(abgestufte Spezifität)*. Aus dem Vergleich der Reaktionen beider Fasern ergibt sich klar, wie stark welcher Reiz vorliegt: Ist die Erregung des ersten Fasertyps stärker als die des anderen, so bedeutet das „Zucker“. Die Erregungshöhe beider Fasertypen steigt mit zunehmender Reizkonzentration.

Vgl. Abb. Seite 118

Die Geschmacksqualität mancher Stoffe ist für verschiedene Tierarten unterschiedlich. Das für Menschen sehr süße Saccharin schmeckt für Ratten wie Chinin, also „bitter“, es wird auch abgelehnt. Wasser hat für Menschen keine eigene Geschmacksqualität, wohl aber z. B. für Frösche, Ratten und Insekten.

Zucker, Salze und Säuren wirken am stärksten in der vorderen und seitlichen Region der Zunge. Dort werden die Geschmacksknospen vorwiegend von einem Ast des 7. Hirn-

GESCHMACKSSINN

Die Geschmacksorgane der Tiere dienen der Prüfung von flüssigen bzw. in Flüssigkeit gelösten Stoffen. Die für Schmeckreize sensiblen Zellen liegen bei den *Wirbeltieren* in Geschmacksknospen auf der Zunge. Bei den *Fischen* sitzen Schmeckzellen auch auf der Körperoberfläche. *Insekten* und *Krebse* haben Schmeckborsten an Mundwerkzeugen, Fühlern und Beinen.

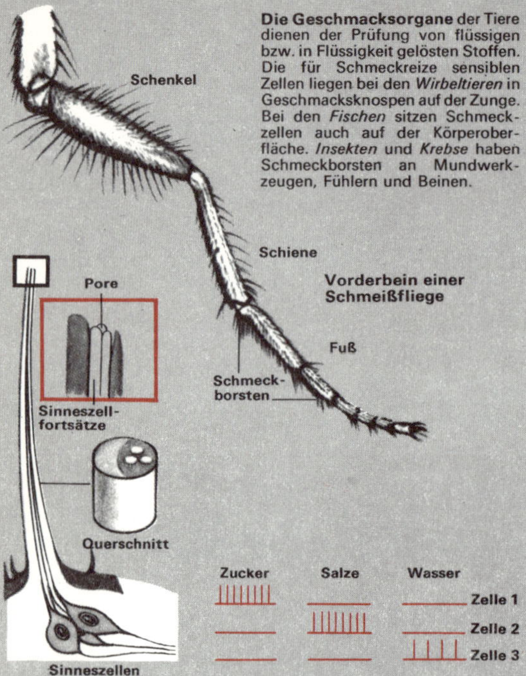

Die Abb. oben zeigt das Vorderbein eines *Insekts (der Schmeißfliege)* mit *Schmeckborsten*. Die Ausläufer der Sinneszellen ziehen durch einen Kanal in der Borste bis zur Spitze und haben dort durch eine Pore Kontakt zur Schmecklösung. Jede der drei Sinneszellen reagiert jeweils auf eine ganz bestimmte Stoffgruppe (Abb. rechts).

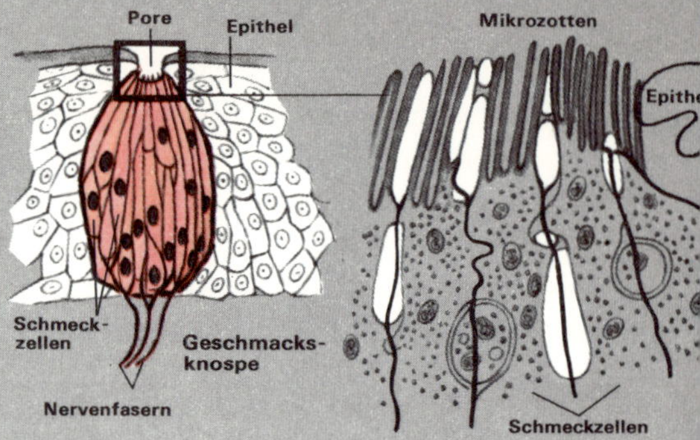

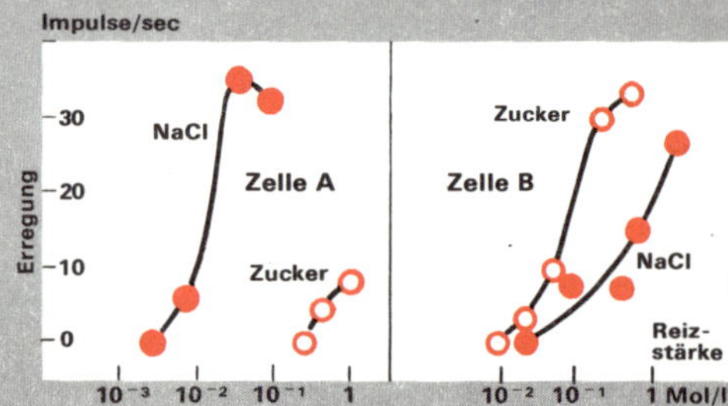

Die Schmeckzellen der Wirbeltiere reagieren in vielen Fällen auf mehrere Stoffklassen. Die einzelnen Schmeckzellen antworten allerdings auf verschiedene Stoffklassen unterschiedlich stark. Die Schmeckzelle A (Diagramm oben) spricht z. B. stärker auf Kochsalz (NaCl), Zelle B stärker auf Zucker an. Abb. Mitte links zeigt die Geschmacksknospe in einer Zungenpapille eines Säugetieres; daneben sind die Enden einiger Schmeckzellen mit den Mikrozotten vergrößert wiedergegeben.

Vgl. Seite 40

nervs innerviert. Die großen Schmeckpapillen am Zungenhintergrund reagieren besonders empfindlich auf Bitterreize; hier leiten Fasern des 11. Hirnnervs die Erregung. Wie Schmeckstoffe auf die Sinneszellen wirken, ist ebenso unbekannt wie die Ursache der Selektivität der Antwort auf bestimmte Stoffe. Eine befriedigende Theorie der Primärprozesse beim Schmeckvorgang existiert noch nicht.

Reizschwelle

Die meisten Wirbeltiere nehmen gerne Zucker an; meist sind Zucker wichtige Nahrungsbestandteile (Früchte, Pflanzen, Blüten) und „schmecken gut“. Bitterstoffe werden weitgehend abgelehnt. Oft handelt es sich dabei um giftige Substanzen, wie z. B. Alkaloide (Strychnin), die in Pflanzen vorkommen. Eine versehentliche Aufnahme solcher Stoffe mit der Nahrung kann reflexartig zum Ausspucken, Würgen oder Erbrechen führen; die Schmeckrezeptoren lösen direkt die Schutzreaktionen aus. Die Reizschwellen für diese Verbindungen sind besonders niedrig: 0,1 mg Chinin in 1 cm^3 Wasser, das sind etwa 10^{16} Moleküle, wirkt noch als starker Reiz; bei Zucker bewirkt erst die 1000fache Konzentration (ca.

0,1 g/cm) eine starke Reizung. Salz wird je nach Konzentration und Bedarf abgelehnt oder aufgenommen. Bei *Salzhunger* (Salzverlust durch Schwitzen) ist auch eine höhere Konzentration akzeptabel. Einige Pflanzenfresser, wie Schafe und Ziegen, nehmen so wenig Salz mit der gewöhnlichen Nahrung auf (Pflanzen enthalten wenig NaCl), daß sie Salz fressen müssen; man gibt ihnen deswegen Salzsteine zum Salzlek-ken.
Für Menschen stellt sich erst bei höheren Konzentrationen die endgültige Schmeckempfindung für Salze ein. Eine Kochsalzlösung von 0,01 Mol/l schmeckt süßlich, eine von 0,03 süß, und erst ab 0,05 Mol/l schmeckt NaCl „echt“ salzig (KCl schmeckt meist salzig und bitter zugleich). Wahrscheinlich spielt hier die sich überschneidende Spezifität der Schmeckzellen eine Rolle bzw. die Art der Auswertung der Qualität aus der Meldung vieler Rezeptoren.
Schmeckreize lösen je nach ihrer Art und Qualität reflektorisch die Sekretion einiger Verdauungsdrüsen aus. Zucker aktiviert über einen solchen Weg die Mundspeicheldrüsen, deren Sekret Speichel zum Einweichen der Nahrung und kohlenhydratspaltende Enzyme enthält.

Geruchssinn. Für Menschen mit ihrer weitgehend optischen und akustischen Orientierungsweise zeigt der Geruchssinn weniger auffallende Leistungen als Augen und Ohren. Viele Tiere benützen jedoch ihre Nase in mancher Hinsicht als besonders wichtiges und hochempfindliches Sinnesorgan. Für Menschen spielen Gerüche neben der Kontrolle der Nahrung (z.B. Frischegrad von Nahrungsmitteln) und als Warnsignal (schädliche Gase, Rauch usw.) eine besondere Rolle auf Gebieten, die nur zum Teil unter der Kontrolle des Bewußtseins stehen. Dies ist auch im Bereich des Hörens, Sehens und anderer Sinne (Schmerz) der Fall, zeigt sich beim Geruchssinn aber besonders deutlich. Die enge Verbindung von Gerüchen mit dem Genuß von Speisen und Getränken und auch dem Sexualleben bewirkt wohl die Bedeutung solcher Reize für das allgemeine Wohlgefühl (starke Lust- und Unlustbetonung). Dazu kommt der starke Gedächtniswert von Gerüchen als Schlüsselreizen der Erinnerung, welche Assoziationen mit Erlebtem und deren Gefühlswert herbeirufen und entsprechend die allgemeine Affektlage beeinflussen (z. B. Weihnachten im Elternhaus, Ferien an der See usw.). Ebenso spielen Gerüche im Kontakt mit

Mitmenschen und der Umwelt eine große Rolle. Man überlegt, ob dabei nicht bestimmte sehr enge Verbindungen der Riechbahn zu entsprechenden Gehirnzentren verantwortlich sind. So hat das Geruchsorgan nicht nur eine sehr kurze Verbindung zur Gehirnrinde (es gibt nur eine Schaltstation zwischen den Sinneszellen und der Gehirnrinde), sondern auch zum limbischen System, das sich aus dem „Riechhirn" der niederen Säugetiere zu einem leider noch wenig erforschten Zentrum für Antriebe und Emotionen entwickelt hat.

Vgl. Seite 47

Aufbau der Riechorgane

Die *Riechzellen* von *Wirbeltieren* sind primäre Sinneszellen, an deren sensiblen Fortsätzen Büschel von Cilien über die Oberfläche des Epithels in den von besonderen Drüsen produzierten Schleim ragen; die Axone ziehen durch die Öffnungen des Siebbeins zum Gehirn. Die Zahl der Geruchssinneszellen von Wirbeltieren schwankt zwischen 100000 (manche Fische) und über 100000000 (manche Hunde). Die eingeatmete Luft wird durch ein Kanalsystem in der Nase geleitet und von den Riechzellen auf Duft geprüft. Die Nasenhöhlen von Säugetieren mit gutem Riechvermögen (Rehe, Hunde usw.) bilden ein Labyrinth von Luftgängen, welche mit Riechschleimhaut ausgekleidet sind. Durch Schnüffeln kann besonders viel Luft durch dieses System gepreßt und entsprechend viel Duft an die Riechzellen gebracht werden. Bei Fischen ist die Nasenwand ebenfalls zur Vergrößerung der Fläche für Riechzellen aufgefaltet. Die Nase des Menschen ist, damit verglichen, einfach gebaut, enthält aber immer noch ca. 10 Millionen Riechzellen (das ist etwa die Zahl der Zapfen in der Retina). Eine große Zahl von Sinneszellen erhöht die Chance für ein Duftmolekül, eine Riechzelle zu treffen. Es ist deshalb auch die absolute Zahl dieser Zellen von Bedeutung.

Vgl. Abb. Seite 123

Die Riechorgane von *Insekten*, die *Antennen* (Fühler), sind bei vielen Arten mit *Riechhaaren* besetzt, welche einen dichten Teppich auf der Oberfläche oder ein Reusensystem zum Abfiltern der Luft nach Duftmolekülen bilden. Diese Riechhaare sind hohle Haare, deren Wände von feinen Öffnungen (ca. 20 nm im Querschnitt) durchbrochen sind, von denen Kanälchen zu den sensiblen Ausläufern der Sinneszellen im Haarinnern ziehen. Man muß sich vorstellen, daß die Duftmoleküle durch diese Löcher zu den sensiblen Ausläufern gelangen. Neben Riechhaaren finden sich auf den Antennen auch noch Rezeptoren anderer Sinnesmodalitäten, z.B. Me-

Vgl. Abb. Seite 123

chano-, Thermo- und Hygrorezeptoren. Eine Besonderheit in der *zentralen Verarbeitung* von Geruchsreizen bei Wirbeltieren und Insekten ist dadurch gegeben, daß sehr viele Geruchsrezeptoren auf *ein* sekundäres Neuron verschaltet sind. Die Zahl der von diesem Neuron zu höheren Zentren weiterziehenden Axone beträgt bei Wirbeltieren nur etwa 1/100–1/1000 der Zahl der Riechzellen in der Nase.

Gerüche als Signale

Wenn man ein unbegattetes weibliches Nachtpfauenauge an einem Sommerabend in einem Käfig ins Freie setzt, wird man bald einige Männchen in der Nähe entdecken, die durch den vom Weibchen abgegebenen *Sexualduft* angelockt worden sind. Gerät ein Männchen in einiger Entfernung vom Weibchen in die vom Wind vertragene Duftfahne des Lockstoffs, so fliegt es, gesteuert vom Duft, gegen den Wind und gelangt damit zwangsläufig in die Nähe des Weibchens. Verliert es den Kontakt mit der Duftfahne, so fliegt das Männchen senkrecht zur Windrichtung hin und her, bis es den Duftstrom wieder findet. Auf diese Weise benötigt das Tier nur gerade so viel Reiz, daß es die Meldung „Weibchen" erhält. Dafür reicht eine kleine Substanzmenge aus, die noch in großer Entfernung von der Duftquelle vorhanden sein kann. Solange der Duftreiz vorhanden ist, fliegt das Männchen mit Hilfe seines Strömungssinns gegen den Wind, was andere mechanorezeptorische Sinneszellen, die ebenfalls auf den Antennen lokalisiert sind, zur Steuerung erfordert. Erst in der Nähe des Weibchens gerät es evtl. aus der Duftfahne und muß am Boden weiter nach dem Weibchen suchen, bis es – jetzt durch einen Konzentrationsgradienten bei der Nahorientierung geführt – zum Ziel gelangt. Ein kontinuierliches Konzentrationsgefälle zur Orientierung wäre über weite Entfernung kaum zu finden, da Turbulenzen und andere Störungen die Duftstoffahne in kleine Wolken auflösen. Außerdem würden sehr hohe Anforderungen an das Unterscheidungsvermögen winziger Duftstoffkonzentrationen gestellt. Die hohe Spezifität der Sexuallockstoffe und der entsprechenden Rezeptoren verhindern ein Anfliegen von Weibchen anderer Arten oder von anderen Duftquellen, so daß trotz der vielen Düfte in der Luft nur dieser eine als sicherer Wegweiser dient.

Vgl. Seiten 101, 104

Es gibt eine ganze Reihe weiterer Beispiele für solche Signal- oder Informationsgerüche, die auch als *Pheromone* bezeichnet werden. Ameisen und Termiten legen auf dem Heimweg von einem Futterplatz *Duftspuren*, an denen entlang die Kameraden zum Futterplatz gelangen können. Mäuse kennzeichnen in dem Labyrinth ihrer unterirdischen Höhlen Wege mit Urin; viele Säugetiere markieren die Grenzen ihrer Reviere mit Harn, Kot oder Sekret aus speziellen Drüsen und erklären sie damit zu *Territorialgrenzen*, welche im Ernstfall nachdrücklich verteidigt werden. Ein Eindringling riskiert bei einer Grenzverletzung massiven Angriff durch den Revierbesitzer. Mitglieder von *Sozialverbänden* (Affen- und Rattenfamilien, Bienenvölker) erkennen einander am Geruch; innerhalb des Verbands können Individualgerüche Abzeichen sozialer Rangstufen sein. Bienen bemerken die Anwesenheit einer Königin im Stock ebenfalls an deren Geruch.

Bestimmte Substanzen dienen als *Alarmsignale:* Die Wächter am Eingang eines Bienenstocks geben beim Angriff eines Feindes einen Stoff ab, welcher sich rasch im Stock verteilt und andere Bienen herbeiruft. Aus der Haut von schwarmlebenden Fischen (z. B. Karpfen, Elritzen) und Kaulquappen wird bei Verletzung (etwa durch den Biß eines Raubfisches) ein *Schreckstoff* frei, bei dessen Geruch die Schwarm- und Artgenossen fliehen.

Ein eindrucksvolles Beispiel für präzise *Orientierung* mit Hilfe des Geruchssinns bietet die Wanderung der Lachse. Wenn die geschlechtsreifen Tiere aus dem Meer flußaufwärts zu den Laichplätzen wandern, zeigen ihnen Gerüche an Einmündungen von Nebenflüssen und Bächen diejenigen Gewässer an, in denen sie selbst aus dem Ei geschlüpft und groß geworden sind. Dorthin schwimmen sie und laichen an denselben Plätzen wie ihre Eltern.

Reizschwelle

Im Dressurversuch reagieren Hunde schon auf Konzentrationen von 1000 Molekülen bestimmter Duftstoffe (Fettsäuren, Diacetyl) pro cm^3 Luft. Ein Polizeihund kann den Weg eines Menschen ohne weiteres an dessen Geruchsspuren verfolgen. Die winzigen Mengen von Körperduft (u. a. Fettsäuren), welche selbst durch die Sohlen neuer Gummischuhe dringen, setzen für den Hund merkliche Marken auf den Boden, und an dem speziellen Duftgemisch, welches jedes Individuum abgibt, kann das Tier die Identität einer Person feststellen, d. h. einer bestimmten Spur unter vielen anderen folgen. Männliche Seidenspinner werden von sehr geringen Mengen des Sexualdufts alarmiert (s. o.). Bei der Zahl der Sinneszellen und der Oberfläche der Fühler, die dem dufthaltigen Luftstrom ausgesetzt sind, ist es sehr wahrscheinlich, daß bereits einzelne Moleküle eine Riechzelle in Erregung ver-

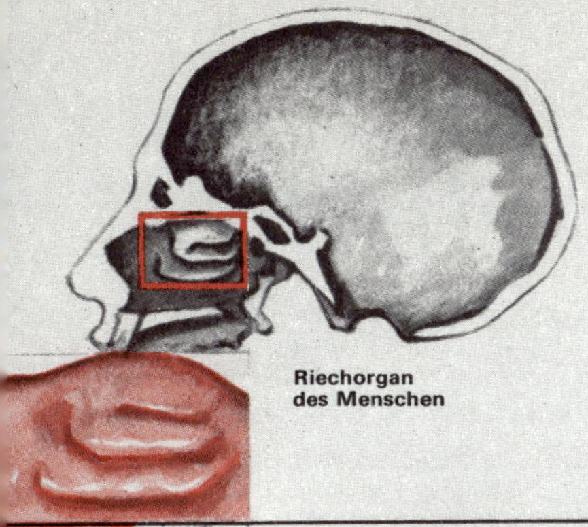

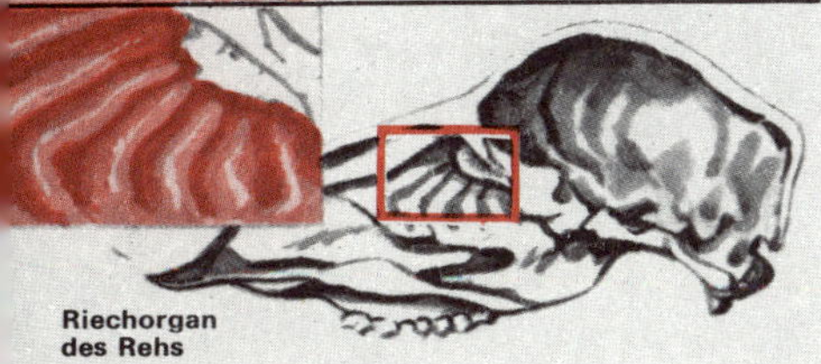

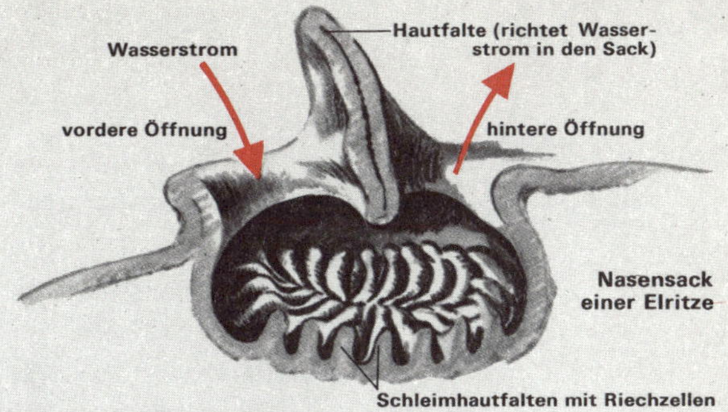

Alle Tiere besitzen zur Wahrnehmung des Geruchs und Geschmacks von Stoffen mehr oder minder fein arbeitende Geruchs- und Geschmackssinnesorgane, welche z. B. zur Auswahl der Nahrung, zur Wahrnehmung von Beute und Feind und zur Orientierung dienen.

Das Riechorgan der *Fische* besteht aus zwei vorn im Kopf gelegenen Nasengruben (Abb. oben und rechts). Mit dem durch die vordere Öffnung einströmenden Wasser gelangen die Duftstoffe an die mit Riechzellen besetzten Schleimhautfalten. Die Nasengruben der Fische haben im allg. keine Verbindung zur Mundhöhle.

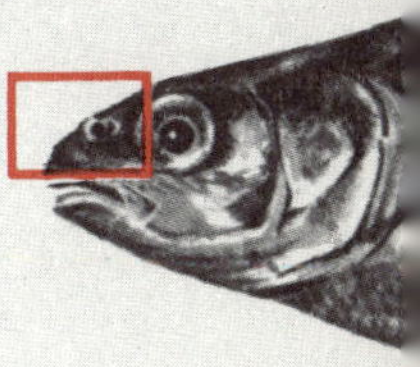

Bei *Säugetieren* ist die Nasenhöhle als Labyrinth von Luftgängen ausgebildet. Abb. oben zeigt am Menschen- und Rehschädel die Lage des Riechorgans und die durch Auffaltung vergrößerte, mit Riechzellen besetzte Riechschleimhaut, welche beim Reh einen größeren Teil der Nasenhöhle auskleidet als beim Menschen. Abb. ganz rechts: Sinneszelle aus der Riechschleimhaut eines Wirbeltieres.

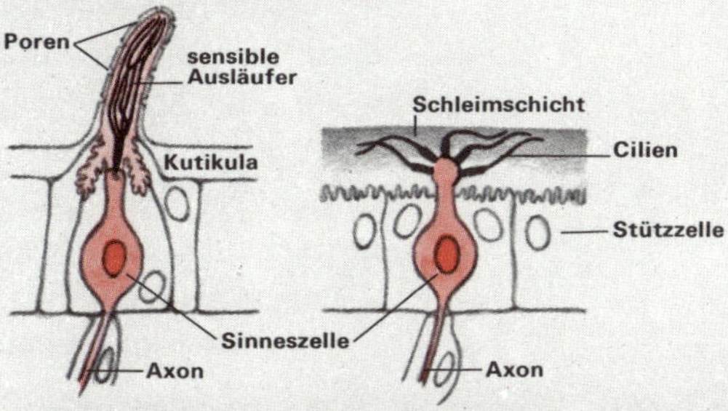

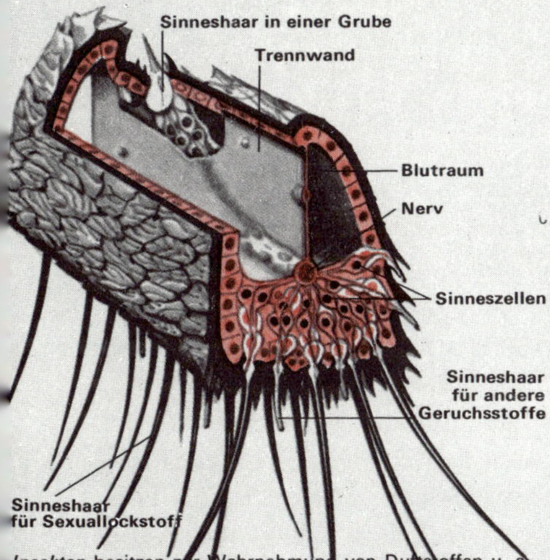

Insekten besitzen zur Wahrnehmung von Duftstoffen u. a. auf den *Fühlern (Antennen)* zahlreiche feine, hohle Haare *(Riechhaare)*. Die Geruchsstoffe gelangen durch sehr feine Poren der Riechhaare (oben rechts) zu den sensiblen Ausläufern der Sinneszellen. Abb. oben: Ausschnitt aus dem Seitenast einer Antenne des *Seidenspinners;* Photo rechts: männlicher Nachtschmetterling mit seinen großen Antennen.

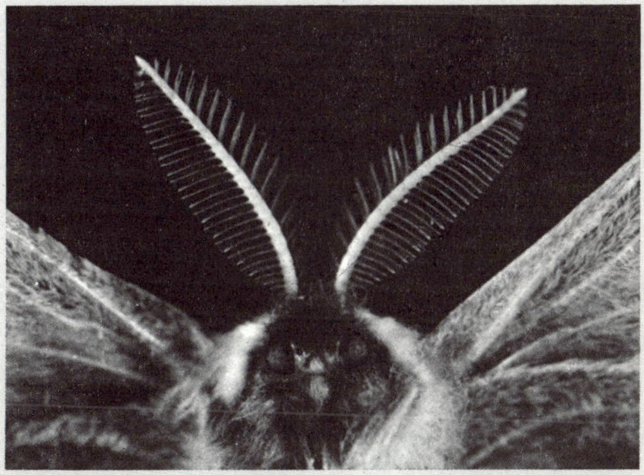

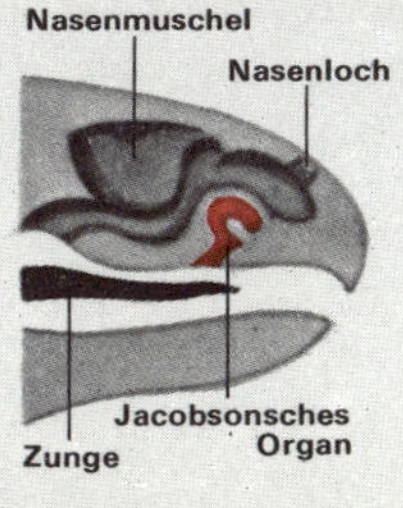

Viele Wirbeltiere besitzen paarige, unter der Nasenhöhle liegende und mit Sinnesepithel ausgekleidete Hohlräume, die mit der Nasen- und (oder) mit der Mundhöhle verbunden sind. Die Funktion dieses *Jacobsonschen Organs* als zusätzliches Riechorgan ist besonders augenfällig bei Eidechsen und Schlangen: Eine züngelnde *Schlange* (Photo links) nimmt mit ihrer feuchten Zunge Duftproben aus der Umgebung auf und bringt diese mit den Spitzen der gespaltenen Zunge in die Öffnungen des Jacobsonschen Organs am Gaumen (Abb. links).

setzen können. Man hat beim Seidenspinner berechnet, daß von den insgesamt ca. 30000 Lockstoffrezeptoren des Männchens weniger als 300 von jeweils einem Molekül Lockstoff getroffen werden müssen, damit eine Suchaktion einsetzt. Für einige unangenehm riechende Stoffe (z. B. Merkaptane) sind auch die Riechzellen von Menschen ähnlich empfindlich. Man schätzt, daß etwa 5–10 Moleküle Merkaptan für die Erregung einer einzigen Zelle ausreichen; vielleicht wirken andere Stoffe noch besser. Ein direkter Vergleich des menschlichen Riechvermögens mit den Leistungen der „Rekordhalter" unter den Tieren ist schwierig. Zum einen ist unbekannt, wie viele Sinneszellen in der Riechschleimhaut der jeweiligen Nase auf den betreffenden Stoff antworten, zum anderen könnte man nur die Wirkungen des jeweils wirksamsten Duftes für die entsprechenden Zellen vergleichen (Buttersäure mag für Hunde wirksamer sein als Merkaptan für Menschen); außerdem muß man zwischen den Leistungen von Sinneszellen und der des gesamten Geruchsorgans unterscheiden. Hier spielt dann die Dichte und absolute Zahl der Sinneszellen eine Rolle sowie die Verarbeitung ihrer Meldungen im Gehirn. Jedenfalls können noch sehr geringe Duftmengen durch die menschliche Nase wahrgenommen werden: 1 mg des nach Fäkalien riechenden Skatols reicht aus, eine Fabrikhalle von 250000 m^3 Rauminhalt mit widerlichem Gestank zu erfüllen.

Unterscheidung von Gerüchen

Besitzt ein Tier nur einen Typ von Geruchssinneszellen, die alle auf die gleichen Gerüche mit gleicher Spezifität antworten, so kann es keine Gerüche voneinander unterscheiden. Alle annähernd 100000 Rezeptoren für Sexuallockstoff eines Nachtpfauenauges reagieren ausschließlich auf diesen Stoff oder chemisch ganz nah verwandte Verbindungen. Die Meldung dieser Rezeptoren kann nur das Signal „Weibchen" bedeuten. Ein Mensch oder eine Biene, die viele tausend Gerüche zu unterscheiden vermögen, würden ebenso viele Geruchsrezeptoren benötigen, wenn für jeden dieser Gerüche ein einzelner Rezeptortyp vorhanden sein müßte. Durch Kooperation zwischen Rezeptoren scheint es jedoch möglich zu sein, sehr viele Gerüche mit Hilfe weniger Rezeptortypen voneinander zu unterscheiden. Dieses System hat den Vorteil, daß von jedem Typ viele hundert oder tausend Sinneszellen existieren können, wodurch die Chance für ein Geruchsmolekül, auf „seinen" Rezeptortyp zu treffen, beträchtlich erhöht ist.

Bei Schaben konnte man beispielsweise nachweisen, daß die etwa 50000 Geruchsrezeptoren auf den Fühlern in ein bis zwei Dutzend von Typen eingeordnet sind, die sich das Spektrum der für Schaben wirksamen Gerüche aufteilen. Dabei überschneiden sich die Bereiche der einzelnen Typen. Das Bild ähnelt dem der spektralen Empfindlichkeit der Sehzellen beim Farbensehen. Wenn jeder Rezeptortyp entweder mit Erregung (Symbol +) oder gar nicht (Symbol 0) auf einen Geruch antwortet, so können zwei Typen verschiedene Reaktionsmuster für vier Gerüche bilden: 00, 0+, ++, +0; bei 10 Typen gibt es 2^{10}, d.h. mehr als tausend Möglichkeiten. Nach diesem System lassen sich mit einer begrenzten Zahl von Typen unterschiedliche Reaktionsmuster für sehr viele Gerüche bilden. Gruppierungen der Rezeptoren zu solchen Typen finden sich auch bei anderen Insekten. Vgl. Seite 84

Über die Duftspezifität der Riechzellen von Wirbeltieren ist noch wenig bekannt. Bei Fröschen scheint jede Zelle in der Riechschleimhaut auf eine individuelle Auswahl von Gerüchen zu reagieren, wobei sich die Reaktionsbereiche einzelner Zellen überschneiden. Es zeigt sich eine gewisse Verwandtschaft zwischen bestimmten Duftstoffen dadurch, daß sie gleichartig auf dieselben Riechzellen wirken.

Menschen unterscheiden viele tausend Düfte und Duftnoten. Man denke nur an die Vielfalt der Speisegerüche, Parfüms, Weine usw., bei denen bestimmte Duftnoten durch Kombination verschiedener Düfte entstehen könne. Der Versuch, diese Vielfalt zu ordnen, scheitert daran, daß Duftqualitäten nur schwer einer objektiven Beurteilung unterworfen werden können. Töne und Farben sind physikalisch meßbar, es gibt jedoch keine Möglichkeit, aus der chemischen Natur oder der Strukturformel eines Stoffes zu erkennen, ob und wie der Stoff riecht.

Wie Dressurversuche beweisen, vermögen Bienen sehr viele Gerüche voneinander zu unterscheiden, und zwar erstaunlicherweise am besten solche Gerüche, die für Menschen ebenfalls sehr verschieden riechen. Umgekehrt werden auch jene Gerüche am leichtesten verwechselt, die für Menschen sehr ähnlich riechen. Im Gegensatz zu Menschen können sich jedoch Bienen nicht nur die Qualität, sondern auch die Intensität eines Duftes über eine gewisse Zeit genau merken.

Die *Einteilung der Gerüche* in Klassen erfolgt willkürlich nach der Ähnlichkeit der bei Menschen hervorgerufenen Wahrnehmungen oder Assoziationen; z.B.: „riecht nach Zitronen", „faulig", „stechend" usw. Beim Vergleich aller Stoffe, welche ähnliche Empfindungen auslösen, fällt auf, daß sie zum Teil aus gleichen, zum Teil auch aus verschiedenen chemischen Familien stammen. Eine Spezifität von Geruchssinneszellen oder von Wahrnehmungen entsprechend einer einfachen chemischen Klassifizierung der Geruchsstoffe ist nicht gegeben. Noch schwieriger wird die Situation durch die Überlegung, daß ja nicht alle für den Menschen verwandt riechenden Stoffe auch für Tiere gleiche Duftqualität haben müssen. Warum die eine Rezeptorzelle nur auf bestimmte Vertreter aus einer Duftgruppe antwortet, die nächste auf eine andere, warum ein Rezeptor überhaupt auf einen Duftstoff reagiert, ist unbekannt. Es gibt bisher weder eine befriedigende Theorie über Natur und Ablauf des Primärprozesses noch über die chemische Spezifität der Riechzellen. Man nimmt an, daß die Form des Moleküls sowie Lage von Ladungen und funktionellen Gruppen eine gewisse Rolle spielen.

Das Jacobsonsche Organ

Lurche, Kriechtiere und fast alle Säuger besitzen ein zusätzliches chemorezeptorisches Organ, das *Jacobsonsche Organ*. Eine feine Öffnung im Gaumen und/oder der Nasenwand ist der Eingang zu einer kleinen Höhle, deren Wand mit primären Sinneszellen ausgekleidet ist. Diese tragen zwar keine Cilien wie die Riechzellen, reagieren aber ebenfalls auf Duftstoffe. Schlangen nehmen Duftstoffe mit der Zungenspitze auf und bringen sie in die Öffnung dieses Organs. Eine Reihe von Säugetieren zieht mit hochgezogener Oberlippe Luft in die Mundhöhle (das sog. Flehmen), wobei die Luft mit evtl. enthaltenem Duft an das Jacobsonsche Organ gebracht wird.

Hirnnerven

Die freien Nervenenden einiger Hirnnerven (5., 10. und 12. Hirnnerv) in der Schleimhaut der Nasenhöhle und des Rachens reagieren auf Duftstoffe; ihre Empfindlichkeit erreicht jedoch meist nicht die der Riechzellen.

CO_2-Rezeptoren

Vgl. Seite 42

Zur Kontrolle des Gehalts an Kohlendioxid im Blut besitzen Säugetiere an bestimmten Stellen des Kreislaufsystems spezielle Rezeptoren für CO_2, deren Aktivität direkt atmungs- und kreislaufregulierenden Zentren des Nervensystems zugeleitet wird und dort reflexartig ablaufende Kompensationsreaktionen auslöst. Bei Bienen versehen Sinneshaare in Gruben auf den Fühlern eine ähnliche Aufgabe. Steigt der Kohlendioxidgehalt der Luft im Stock, wird die Frischluftzufuhr durch aktive Ventilation (Fächeln mit den Flügeln) verstärkt.

THERMO- UND ELEKTROREZEPTOREN

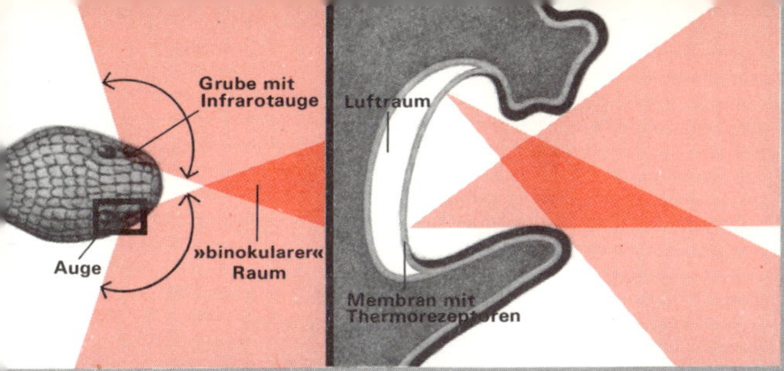

Einige Tiere benützen hochempfindliche Temperatursinnesorgane zur Orientierungshilfe. *Grubenottern*, z. B. *Klapperschlangen*, sind mit leistungsfähigen Infrarotrezeptoren *(Grubenorgane)* ausgestattet. Diese *Infrarotaugen* befähigen sie, auch in der Dunkelheit die Position einer Beute festzustellen. Abb. oben rechts zeigt das Infrarotauge (Querschnitt) einer Klapperschlange mit Strahlengang, Abb. links die »Gesichtsfelder« beider Organe.

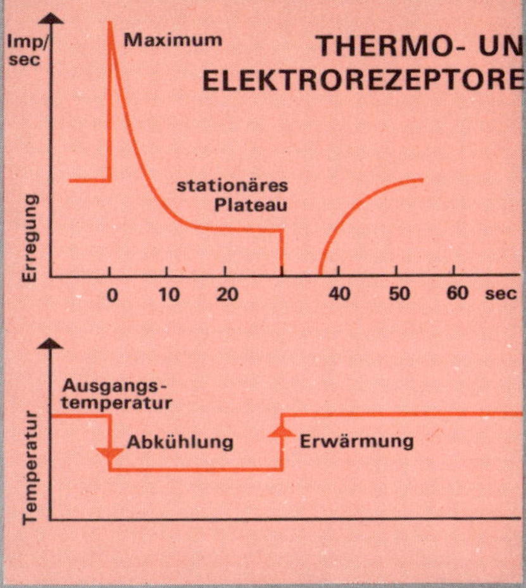

Thermorezeptoren. Für die Messung von Körper- und Außentemperatur besitzen Organismen *Thermorezeptoren*. Abb. oben zeigt den Erregungsverlauf eines »Kälterezeptors« bei sprunghafter Abkühlung und Erwärmung (kurzzeitiges Aussetzen der Erregung). Analog verhält sich ein »Wärmerezeptor« bei Erwärmung.

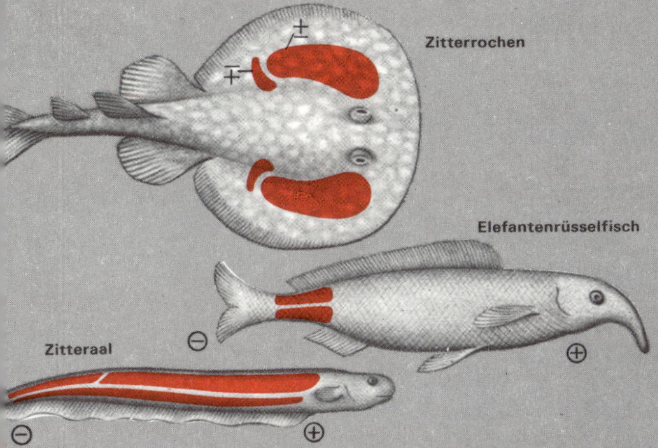

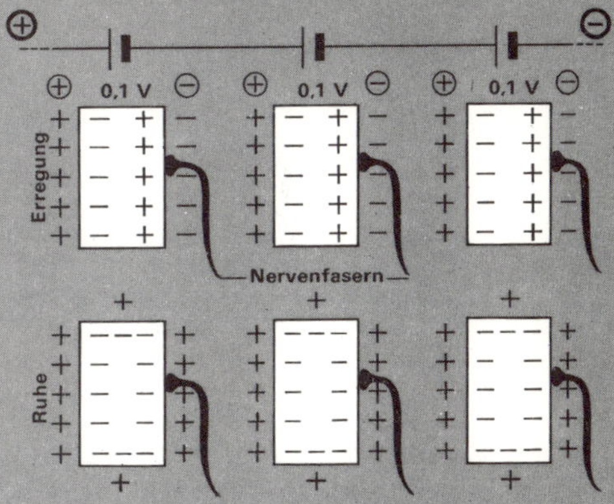

Elektrische Organe. Einige Fischarten besitzen *elektrische Organe*, mit denen sie elektrische Felder erzeugen können. Diese Organe sind aus scheibenförmigen, umgewandelten Muskelzellen aufgebaut. Bei Erregung der efferenten Nervenfasern werden diese Zellen bei bestimmten Fischen nur an der Membranregion auf der Seite der Synapse depolarisiert (Abb. rechts): es entsteht an der Zelle kurzzeitig eine Spannung von ca. 0,1 V. Durch Hintereinander- bzw. Parallelschaltung vieler Zellen können stark *elektrische Fische* Spannungen von 500 V und Ströme bis zu 40 A erzeugen. Abb. oben zeigt die Lage der elektrischen Organe von drei elektrischen Fischen.

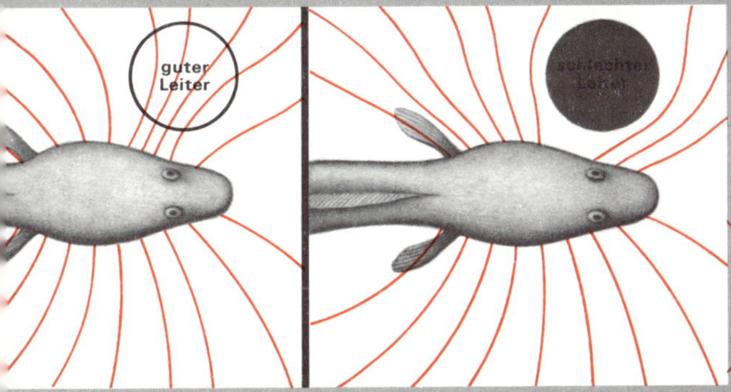

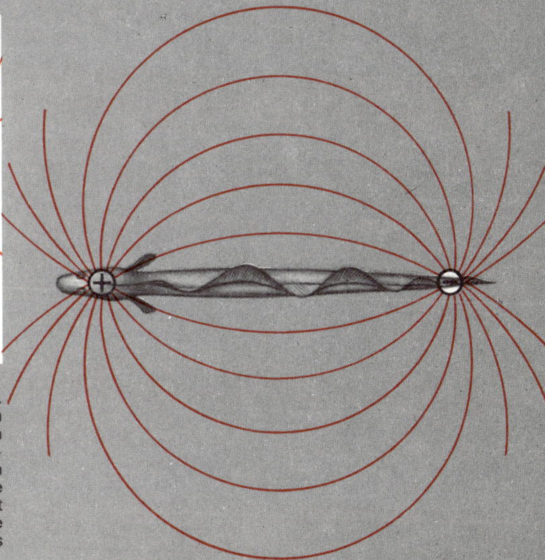

Elektrorezeptoren. Die Kraftlinien des elektrischen Feldes (Abb. rechts) entsprechen bei homogener Umgebung einem elektrischen Dipolfeld. Befinden sich in der Umgebung des Fisches jedoch Objekte, deren elektrische Leitfähigkeit sich von der der Umgebung (z. B. Fisch im Süßwasser) unterscheidet, so ändert sich der Verlauf der Feldlinien. Gute elektrische Leiter »verdichten« die Feldlinien, schlechte »drücken sie auseinander« (Abb. oben). Mit Hilfe von *Elektrorezeptoren* in der Kopfregion kann der Fisch diese Feldänderung registrieren und so auf die Position und Natur des Objekts schließen.

Feuchtigkeitssinn

Die Messung der Feuchtigkeit in der Umgebung ist besonders für diejenigen Tiere von großer Bedeutung, die auf Biotope bestimmter Feuchtigkeit angewiesen sind und keinen Schutz gegen Austrocknung (dichte Chitinkutikula oder Lederhaut) entwickelt haben (Würmer, Weichtiere, Strandtiere wie Krabben, usw.). Manche Tiere finden auch Nahrung (frisches Grün) und Wasser anhand der Luftfeuchte. Über die zuständigen Rezeptoren ist noch wenig bekannt. Menschen bemerken trockene Luft am Austrocknen der Schleimhäute in Nase, Rachen und Mund und am Durstgefühl. Bei einigen Insekten finden sich spezielle Rezeptoren in feinen Haaren auf den Fühlern, deren Sinneszellen auf Luftfeuchte ansprechen. Bei Wanderheuschrecken arbeiten zwei Rezeptortypen zusammen: einer antwortet auf Erniedrigung, der andere auf Erhöhung der Luftfeuchte.

Temperatursinn

Viele Tiere benötigen zur Vermeidung schädlicher Temperaturen oder zum Aufsuchen einer Region optimaler Temperatur sowie allgemein zur Kontrolle von Außen- und Innentemperatur Thermorezeptoren. Bei Warmblütern liegen Thermorezeptoren als Meßfühler in Regelkreisen, durch welche die Körpertemperatur reguliert werden kann. Daneben verwenden manche Tiere auch zum Aufsuchen von Nahrung (s. u.) oder eines Wirtes ihren Temperatursinn. In gewissen Grenzen sind die Erregungsvorgänge aller Sinnes- und Nervenzellen von der Temperatur abhängig, da es sich um physikochemische, also temperaturabhängige Prozesse handelt. Die Thermorezeptoren reagieren jedoch sehr empfindlich nur auf bestimmte Temperaturen bzw. deren Änderungen. Bei allen Thermorezeptoren finden sich optimale Temperaturbereiche, innerhalb derer die Erregung bei Erwärmung bzw. Abkühlung besonders hoch ist, bei Temperaturen darunter oder darüber aber wieder sinkt. Zudem gibt es Kälterezeptoren, die nur auf Abkühlung mit einer Erhöhung ihrer Erregung reagieren.

Vgl. Seite 54

Vgl. Seite 63

Die Thermorezeptoren von Säugetieren sind meist Endigungen von Sinnesnervenzellen in der Haut. Es finden sich sowohl Kälte- als auch Wärmerezeptoren; die einen reagieren auf Abkühlung, die anderen auf Erwärmung. Kälterezeptoren liegen beim Menschen etwas näher an der Oberfläche der Haut als Wärmerezeptoren. Die Temperaturempfindlichkeit ist nicht überall auf der Körperoberfläche gleich. Sie hängt von der Verteilung der Wärme- und Kältepunkte ab, spezifisch thermosensibler Stellen (Nervenenden), die man durch Abtasten mit dünnen warmen oder kalten Temperatursonden nachweisen kann. In der Haut der Finger kommen zwei Wärmepunkte und 4–5 Kältepunkte auf den cm^2. Am Vorderarm trifft nur ein Wärmepunkt auf 3 cm^2 Hautfläche; auf den Lippen, Nasenflügeln und Augenlidern liegen die Wärmepunkte so dicht, daß sie nicht mehr einzeln abgetastet werden können. Kältepunkte finden sich im Gesicht in einer Dichte von 12–15 pro cm^2. Für die Auslösung einer Temperaturempfindung spielt eine solche Verteilung eine große Rolle. Je größere Flächen, d. h. je mehr Rezeptoren, gereizt werden, desto feiner kann das Nervensystem die Erregungen auswerten und desto besser werden Temperaturen unterschieden. Auf einer Reizfläche, die nur einen Kältepunkt enthält, beträgt die Unterscheidungsfähigkeit für Kältereize etwa 2° C; reizt man großflächig, z. B. die ganze Hand, so genügt schon der Bruchteil eines Grades Abkühlung für eine Wahrnehmung. Dazu muß jedoch auch die Änderungsgeschwindigkeit der Temperatur genügend hoch sein. Wenn man mit sehr langsam fallender Temperatur reizt, „schleicht" sich der Reiz ein, und die Hautstelle kann sehr kalt werden, bevor die Abkühlung wahrgenommen wird. Der Reiz steigt dabei so langsam, daß keine Erregungsspitze in den Rezeptoren entsteht.

Vgl. Seite 61

Vgl. Seite 63

Wärmerezeptoren von höheren Säugetieren reagieren im Bereich zwischen 25 und 45° C auf Erhöhung der Temperatur mit einem ausgeprägten Erregungsmaximum, dessen Höhe von der Änderungsgeschwindigkeit der Temperatur abhängt. Nach kurzer Zeit sinkt die Erregung auf ein stationäres Plateau. Während die Erregung der Rezeptoren bei konstanter Temperatur lange Zeit erhalten bleibt, erlischt die Empfindung (Tätigkeit zentraler Neurone) schon bald nach der Temperaturänderung. Besondes rasch erfolgt das im Bereich der Körpertemperatur und noch zwischen 25 und 38° C; unterhalb von 20 und oberhalb von 40° C kommt es zu Dauerempfindungen. Bei höheren Temperaturen als 45° C reagieren auch die Kälterezeptoren wieder, was die „paradoxe" Kaltempfindung bei hohen Temperaturen erklärt: Beim Eintauchen der Hand in heißes Wasser reagieren die mehr oberflächlich in der Haut liegenden Kälterezeptoren rascher als

Vgl. Abb. Seite 127

die tiefer liegenden Wärmerezeptoren; es kommt daher zuerst zu einer Kälteempfindung.

Länger anhaltende Kältereize lösen bei Warmblütern Kältezittern aus (rasche Muskelbewegungen zur Wärmeerzeugung); über Kälte- und Wärmerezeptoren wird die Wärmeabgabe durch die Haut (Verengung und Erweiterung der Blutgefäße, Schweißsekretion) geregelt. Besonders wichtig ist die Erhaltung der Temperatur des Körperkerns. Starke Unterkühlung kann – außer im kontrollierten Fall des Winterschlafs – tödlich sein, ebenso Überhitzung. Die *Innentemperatur* (Bluttemperatur) registrieren temperaturempfindliche Neurone im *Hypothalamus*, deren Tätigkeit das vegetative Nervensystem und die innere Sekretion steuert. Zur Abwehr einer Unterkühlung oder Überhitzung werden Blutkreislauf, Stoffwechsel und Muskulatur mobilisiert.

Vgl. Seite 54

Im „Überorganismus" Bienenstock wird die Temperatur ebenfalls recht konstant gehalten. Bei zu starker Erwärmung beginnen die Bienen mit den Flügeln zu fächeln; bei zu niedriger Temperatur wird durch Muskelbewegung und erhöhten Stoffwechsel Wärme erzeugt. Thermorezeptoren von Insekten wurden bisher in Sinneshaaren auf den Fühlern nachgewiesen. Auch hier finden sich „Kalt"- und „Warm"-Rezeptoren.

Thermorezeptoren als Orientierungshilfen

Vgl. Abb. Seite 41

Einigen Tieren dienen Thermorezeptoren zur Orientierung, z. B. blutsaugenden Zecken oder Wanzen, die ihre warmblütigen Wirte an deren Temperaturdifferenz zur Umgebung erkennen. Fische können Unterschiede in der Wassertemperatur von 0,05 °C mit Hilfe von sensiblen Endigungen des *Nervus lateralis* feststellen. Grubenottern, zu denen auch die Klapperschlangen gehören, haben besonders leistungsfähige Temperatursinnesorgane, die *Grubenorgane*, entwickelt: In zwei Gruben rechts und links am Kopf etwas unterhalb und vor den Augen ist jeweils über einem Luftraum eine nur 15 µm dicke Membran ausgespannt, die sich auf Grund ihrer geringen Wärmekapazität bei Temperaturänderung schneller erwärmt oder abkühlt als die unmittelbare Umgebung der Membran. Mit Hilfe von sehr empfindlichen Rezeptoren in der Membran kann die Schlange Temperaturunterschiede von weniger als 1/1000 °C feststellen und z. B. die Anwesenheit einer Maus an deren Wärmestrahlung bemerken. Die Wände der Gruben laufen nach vorne etwas zusammen, so daß eine Art primitiven Auges („Infrarotauge") entsteht, mit dem ein einfaches Richtungs-„Sehen" gelingt. Durch die Überschnei-

Vgl. Abb. Seite 127

dung der „Gesichts"-Felder beider Gruben ist ein binokulares „Fixieren" der Beute möglich, so daß die Schlange auch im Dunkeln die Position einer Maus feststellen und sie sicher schlagen kann.

Elektrische Organe und Elektrorezeptoren

Einige Fische haben Muskeln zu Organen für die Erzeugung elektrischer Ströme umgewandelt. Die Muskelzellen sind zu flachen, in Säulen zusammengepackten Scheiben geworden. Die umgewandelten Muskelzellen werden durch Erregung der efferenten Nervenfasern über Transmitterausschüttung in den Synapsen depolarisiert wie gewöhnliche quergestreifte Muskelfasern. Im Unterschied zu diesen wird jedoch entweder nur die Membranregion auf der Seite der Synapse depolarisiert, oder die gegenüberliegende Region wird später depolarisiert: es ergibt sich für kurze Zeit eine Potentialdifferenz von ca. 0,1 Volt zwischen der innervierten und nichtinnervierten Fläche der Scheibe. Durch Hintereinanderschaltung vieler solcher Zellen entsteht eine Voltasche Säule von beträchtlicher Spannung. Vgl. Abb. Seite 127

Bei stark elektrischen Fischen, wie dem Zitteraal oder den Zitterrochen, bilden mehrere tausend Zellen eine Säule, wodurch Spannungen von 500 Volt erreicht werden können. Durch Parallelschaltung mehrerer Säulen stehen bei Rochen etwa 40 Ampere bereit; diese Fische können mit ihren elektrischen Organen starke Schläge zur Verteidigung oder auch zum Beutefang austeilen. Die Entladungen erfolgen meist nur für eine kurze Zeit; besondere nervöse Mechanismen sorgen für synchrone Entladung der einzelnen Zellen in den Säulen.

Schwach elektrische Süßwasserfische, wie die afrikanischen Tapirfische oder die südamerikanischen Messerfische, können mit ihren elektrischen Organen Impulse von wenigen Volt bis zu 1500mal in der Sekunde und je nach Aktivität in kürzeren oder längeren Abständen erzeugen. Sie bauen mit jedem Impuls kurzzeitig ein elektrisches Feld in ihrer Umgebung auf (der Kopf ist meist negativ gegen den Schwanz); Gegenstände in der Nähe des Fisches beeinflussen dieses Feld entsprechend ihrer Leitfähigkeit. In der Umgebung guter Leiter laufen die Feldlinien zusammen, bei schlechten Leitern rücken sie auseinander.

Die Fische registrieren die selbst erzeugten elektrischen Felder mit speziellen Sinnesorganen in der Haut. Die Sinneszellen liegen in Gruben, deren Eingang von einer schleimartigen Masse von besonderer elektrischer Leitfähigkeit ausgefüllt ist. Fasern des *Nervus lateralis* nehmen die Erregung auf und leiten sie zum Gehirn. Längsfelder von $1{,}5 \cdot 10^{-7}$ Volt/cm reichen zur Erregung der Rezeptoren aus. Mit Hilfe solcher Organe können Fische im Experiment in ihrer nächsten Umgebung z. B. einen 2 mm dicken Metallstab von Glasstäben gleichen Durchmessers unterscheiden. Die Erregung in den Sinnesfasern ist abhängig von der elektrischen Leitfähigkeit, der Position und der Bewegungsrichtung eines Objekts, z. B. eines anderen Fisches, dessen Leitfähigkeit sich ja von der des Süßwassers unterscheidet. Wahrscheinlich verwenden schwach elektrische Fische ihre Stromimpulse als Signale. Setzt man zwei Tiere zusammen in ein Becken, beeinflussen die Entladungen des einen die des anderen; nähern sie sich einander, wird die Entladungsrate höher.

Vgl. Abb. Seite 41

In trüben Gewässern (tropischen Flüssen) könnten Elektrorezeptoren der Nahorientierung dienen, theoretisch auch der Registrierung von Wasserturbulenzen, jedoch nur in Entfernungen von wenigen Zentimetern.

Schmerzsinn

Vgl. Abb. Seite 59

SCHMERZSINN BEI MENSCHEN. Schmerzempfindungen des Menschen entstehen durch die Erregung bestimmter *freier Nervenenden* in der Haut, in Muskeln, Sehnen, Eingeweiden, Knochenhaut usw. bei schädigender Einwirkung (Verletzung) auf das Gewebe. Auch starke Sinnesreize, z. B. laute Geräusche, können zu Schmerzempfindungen führen, wenn sie einen bestimmten Schwellenwert (Schmerzschwelle) übersteigen. Es gibt Schmerzrezeptoren, die vorzugsweise empfindlich für thermische Reize (große Hitze) sind, andere, die auf mechanische, wieder andere, die auf chemische Reize (Ätzen) besonders stark ansprechen.

In der menschlichen Haut liegen bis zu 200 *Schmerzpunkte* pro cm², an denen durch lokale Reizung mit einem feinen spitzen Gegenstand Schmerzrezeptoren erregt werden können. Oberflächlich liegen die Rezeptoren für den sog. „*hellen*“ Schmerz (Stich, oberflächliche Quetschung), der gut lokalisierbar ist („man weiß, wo es weh tut“), und entsprechend gerichtete Reaktionen, wie Abwehr, Flucht, Hingreifen, auslöst. Werden auch tiefer liegende Rezeptoren betroffen, so entsteht der „*dumpfe*“ Schmerz, der, vor allem bei längerer Dauer, quälend wirkt und schwer zu lokalisieren ist, z.B. bei Knochenhautverletzungen und Entzündungen der Eingeweide. Er bewirkt weniger Abwehr als Einnahme einer Schonstellung (Zusammensinken).

Schmerzrezeptoren adaptieren nicht; ihre Aktivität hält unvermindert so lange an wie der Schmerzreiz. Die verarbeitenden Neurone im Nervensystem unterliegen jedoch verschiedenen modifizierenden Einflüssen. Durch Ablenkung, Beruhigung, Narkose usw. kann die Schmerzempfindung verringert, bei ängstlicher Erwartung gesteigert werden – es gibt Überempfindlichkeit gegen Schmerz und auch völlige Abstumpfung. Starker und vor allem permanenter Schmerz mobilisiert ergotrope (leistungssteigernde) Reaktionsbereitschaft u. a. mit Adrenalinausschüttung bis zum übersteigerten Streß und Schock.

Vgl. Seite 43

„SCHMERZSINN“ BEI TIEREN. Ein Hund zeigt bei Verletzung ähnliche Reaktionen wie ein Mensch: Er gibt besondere Laute von sich, macht Abwehrbewegungen, attackiert denjenigen, der ihm die Verletzung beibringt, hinkt, wenn ein Fuß verletzt ist, und zeigt Streßerscheinungen. Bei Säugetieren kennt man spezifische Nocirezeptoren und entsprechende Bahnen im Nervensystem. Die Reaktionen auf Beruhigungsmittel und schmerzstillende Pharmaka sind ähnlich wie beim Menschen. Normalerweise schützen sich die Tiere durch Vermeiden von „Schmerz“ vor Verletzungen: Man hat Ratten die „Schmerznerven“ eines Beins durchtrennt und beobachtet, daß dieses Bein weniger aktiv vor Verletzungen geschützt wird als die anderen. Angesichts solcher Analogien liegt der Schluß nahe, daß Säugetiere einen Schmerzsinn besitzen.

Bei niederen Wirbeltieren und Wirbellosen wurden noch keine sicheren Argumente für einen Schmerzsinn gefunden; es fehlen zu viele Kriterien zur Übertragung eines Begriffs, der ja der menschlichen Empfindungswelt entstammt, auf die Sinneswelt dieser Tiere. Es wird zum Beispiel berichtet, daß man einer Nektar saugenden Biene den Hinterleib abtrennen kann, ohne daß das Tier sich dabei gestört zeigt. Hitze und ätzende Stoffe werden jedoch von Insekten gemieden.

Jucken entsteht wahrscheinlich durch schwache Reizung oberflächlicher Schmerzrezeptoren; die stereotype Reaktion aller Tiere darauf ist ein Kratzen an der betreffenden Stelle.

Magnetsinn

In neuerer Zeit fand man Hinweise, daß Zugvögel ihre Zugrichtung auch mit Hilfe des *Erdmagnetfeldes* finden können. Schaltet man die Wirkung des Erdmagnetfeldes durch Abschirmung oder Kompensation mit einem künstlich erzeugten Gegenfeld aus, so sind die Vögel im Dunklen desorientiert: Sie starten zum Wanderzug in viele verschiedene Richtungen. Kann das Erdmagnetfeld einwirken, starten sie signifikant nur in ihrer Zugrichtung. Ein Sinnesmechanismus zur Feststellung der Richtung des Erdmagnetfeldes ist bisher nicht nachgewiesen. Auch bei Bienen und verschiedenen Wirbeltieren häufen sich Angaben über Auswirkungen des Erdmagnetfeldes auf das Verhalten.

„Zeitsinn"

Die Zeit besitzt keine Energiedimension; es sind auch keine speziellen Strukturen zur Verarbeitung von Zeit-„Reizen" bekannt. Damit erfüllt die Dimension Zeit nicht die Kriterien für einen Sinnesreiz. Viele Tiere orientieren sich jedoch in der Zeit, so z. B. die Bienen, welche bei ihren Flügen den *Sonnenstand* als Richtungsmarke verwenden. Sie können dabei die relative Wanderung der Sonne im Laufe des Tages einberechnen. Dasselbe gilt für viele andere Tiere, die sich mit Hilfe des Sonnenkompaß orientieren können, wie verschiedene Fische und Vögel. Wahrscheinlich wird mit Hilfe des Gedächtnisses ein Ereignis in Handlungs- oder Ereignisfolgen und damit zeitlich eingeordnet. Daneben unterliegen alle Tiere einem regelmäßigen *Rhythmus*, welcher ihre Aktivität und viele Lebenserscheinungen in gleichen Abständen wiederkehren läßt. Ohne Synchronisation durch äußere Zeitgeber (z. B. Tag-Nacht-Wechsel) läuft dieser Rhythmus etwas verschoben gegen den 24-Stunden-Tag, aber dennoch regelmäßig ab. Entsprechend spricht man von einer *„inneren Uhr"* der Organismen, deren Zeitverhalten man vielfach untersucht hat, ohne jedoch die physiologischen Ursachen für den Rhythmus zu entdecken. Theoretisch können beide Mechanismen, nämlich eine Gedächtnisleistung und die Auswirkung eines inneren Rhythmus, einer Zeitschätzung dienen.

Literaturhinweise

Weiterführende Literatur zu den einzelnen Kapiteln:

A: Allgemein verständliche Einführung, Artikel

B: Lehrbuch, Monographie, zusammenfassende Darstellung

C: Spezialbeiträge oder Sammlung von Spezialvorträgen zu Symposien neueren Datums

Allgemeine Erregungsphysiologie, Lehrbücher, Gesamtwerke

A

Akert, K.: Struktur und Ultrastruktur von Nervenzellen und Synapsen. Klin. Wschr. **49**, 509 (1971)

Holst, E., Mittelstaedt, H.: Das Reafferenzprinzip. Naturwiss. **37**, 464 (1950)

Stämpfli, Z.: Die Erregungsleitung im Nerven. Bild d. Wiss. **1**, 356 (1965)

AB

Katz, B.: Nerv, Muskel und Synapse. Thieme, Stuttgart (1971)

B

ten Bruggencate, G.: Experimentelle Neurophysiologie. Goldmann, München (1972)

Burĕs, J., Petráň, M., Zachar, J.: Electrophysiological methods in biological research. 3. Aufl. Academic Press, London (1967)

Burkhardt, D.: Wörterbuch der Neurophysiologie. Fischer, Jena (1969)

Creutzfeldt, O. D., Probst, W.: Neurophysiologische Technik. In: Physiologie des Menschen (Gauer, O. H., Kramer, K., Jung, R. [Hrsg.]), Bd. 10, Urban und Schwarzenberg, München (1974)

Eccles, J. C.: The physiology of synapses. Springer, Berlin (1964)

Field, J. C. (Hrsg.): Neurophysiology. 3. Bd. In: Handbook of Physiology, Williams and Wilkins, Baltimore (1959)

Florey, E.: Lehrbuch der Tierphysiologie. Thieme, Stuttgart (1970)

Hodgkin, A. L.: The conduction of the nervous impulse. Liverpool University Press, Liverpool (1964)

Katz, B.: The release of neurotransmitter substances. Liverpool University Press, Liverpool (1969)

Ruch, T. C., Patton, H. D., Woodbury, J. W., Towe, A. L.: Neurophysiology. 2. Aufl., Saunders, Philadelphia (1965)

Schmidt, R. F. (Hrsg.): Neurophysiologie. Springer, Berlin (1971)

BC

Quarton, G. C., Melnechuk, T., Schmitt, F. O. (Hrsg.): The Neurosciences I. Rockefeller University Press, New York (1967)

Schmitt, F. O. (Hrsg.): The Neurosciences II. Rockefeller University Press, New York (1970)

Schmitt, F. O., Worden, F. G. (Hrsg.): The Neurosciences. 3rd Program, MIT Press, Cambridge (1974)

C

Bennett, M. V. L. (Hrsg.): Synaptic transmission and neuronal interaction. Raven, New York (1974)

Pribram, U. B., Broadbent, D. F. (Hrsg.): Biology of memory. Academic Press, London (1970)

Nervensystem Wirbeltiere

A

French, J. D.: The reticular formation. Sci.Amer. **196**, 5, 54 (1957)

Holst, E. v., St. Paul, U.: Vom Wirkungsgefüge der Triebe. Naturwiss. **47**, 409 (1960)

Jouvet, M.: The states of sleep. Sci.Amer. **216**, 2, 62 (1967)

Meyer, D. L.: Tectum opticum und Orientierungsreaktion. Biol. in unserer Zeit **4**, 107 (1974)

Olds, J.: The pleasure centers in the brain. Sci.Amer. **195**, 10, 105 (1956)

Pribram, K.: The neurophysiology of remembering. Sci.Amer. **220**, 1, 73 (1969)

Sperry, R. W.: The great cerebral commissure. Sci.Amer. **210**, 1, 42 (1964)

Tritthart, H.: Gedächtsnisforschung. Naturwiss. Rundschau **24**, 284 (1971)

B

Akert, K.: Dienzephalon. In: Electrical stimulation of the brain (Sheer, D. E. [Hrsg.]), Univ. of Texas Press, Austin (1961)

Burkhardt, D.: Die Sinnesorgane des Skelettmuskels und die nervöse Steuerung der Muskeltätigkeit. Ergebn.Biol. **20** (1958)

Caspers, H. H. (Hrsg.): The reticular formation of the brain. Boston (1968)

Donovan, B. T.: Neuroendocrinologie der Säugetiere. Thieme, Stuttgart (1973)

Eccles, J. C., Ito, M., Szenthagothai, J.: The cerebellum as a neuronal machine. Springer, Berlin (1967)

Eibl-Eibesfeldt, I.: Die Ausdrucksformen der Säugetiere. In: Kükenthal, Handbuch der Zoologie 8 (6) 1 (1957)

Eibl-Eibesfeldt, I.: Das Verhalten der Nagetiere. In: Kükenthal, Handbuch der Zoologie, 8 (1) (1958)

Forßmann, W. G., Heym, C.: Grundriß der Neuroanatomie. Springer, Berlin (1974)

Glees, P.: Das menschliche Gehirn. 2. Aufl., Hippokrates, Stuttgart (1968)

Jung, R., Hassler, R.: The extrapyramidal motor system. In: Handbook of Physiology (Field, J. C. [Hrsg.]), Bd. II, 863–927 (1959)

Penfield, W., Rasmussen, T.: The cerebral cortex of man. Hafner, New York (1968)

Rietschel, P.: Integument, Sinnesorgane, Nervensystem. In: Giersberg u. Rietschel: Vergleichende Anatomie der Wirbeltiere, Fischer, Jena (1967)

Roberts, T. D.: Neurophysiology of postural mechanism. Butterworth, London (1967)

Rohen, J. W.: Funktionelle Anatomie des Nervensystems. Schattauer, Stuttgart (1971)

Scharrer, E., Scharrer, B.: Neurosekretion. In: Handbuch der mikroskopischen Anatomie des Menschen IV/15, Springer-Verlag, Berlin (1954)

Webster, D., Webster, M.: Comparative vertebrate morphology. Academic Press, London (1974)

Wiesendanger, M.: The pyramidal tract. Ergebn.Physiol. **61**, 72 (1969)

BC

Adey, W. R., Tokizane, T. (Hrsg.): Structure and function of the limbic system. Progress in Brain Research 27, Elsevier, Amsterdam (1967)

C

Granit, R. (Hrsg.): The basis of motor control. Academic Press, London (1967)

Yahr, M. D., Purpura, D. (Hrsg.): Neurophysiological basis of normal and abnormal motor activities. Raven, New York (1967)

Nervensysteme der Wirbellosen

A

Bentley, D., Hoy, R.: The neurophysiology of cricket song. Sci.Amer. **231**, 34 (1974)

Boycott, B.: Learning in the octopus. Sci.Amer. **212**, 3, 42 (1965)

Elsner, N.: Neuroethologie des Heuschrekkengesangs. Umschau **74**, 765 (1974)

Huber, F.: Aktuelle Probleme in der Physiologie des Nervensystems der Insekten. Naturwiss. Rundschau **18**, 143 (1965)

AB

Roeder, K. D.: Neurale Grundlagen des Verhaltens. Huber, Stuttgart (1968)

B

Bullock, T. H., Horridge, G. A.: Structure and function of the nervous systems of invertebrates. Freeman, San Francisco (1965)

Huber, F.: Vergleichende Physiologie der Nervensysteme von Evertebraten. Fortschr.Zool. **15**, 166 (1961)

Huber, F.: Neural integration. In: The Physiology of Insecta (Rockstein, M. [Hrsg.]), 2. Aufl., Academic Press, London (1974)

Keller, R.: Stoffwechselregulation durch Neurohormone bei Crustaceen. In: Vergleichende Endocrinologie (Hanke, W., Lindauer, M. [Hrsg.]), 34–54, G. Fischer (1974)

Lentz, T. L.: Primitive nervous systems. Yale University Press, New Haven (1968)

Wells, M. J.: Brain and behaviour in cephalopods. Stanford University Press, Stanford (1962)

Wells, M. J.: Hierarchical control of movement in the octopus. Ergebn.Biol. **26**, 40 (1963)

C

Barton-Browne, L. (Hrsg.): Insect behaviour. Springer, Berlin (1974)

Wiersma, C. A. G. (Hrsg.): Invertebrate nervous systems. University of Chicago Press, Chicago (1967)

Sinnesphysiologie allgemein

A

Autrum, H.: Über Energie- und Zeitgrenzen der Sinnesorgane. Naturwiss. **35**, 361 (1948)

Autrum, H.: Die Arbeitsweise einzelner Sinneszellen. Naturwiss. Rundschau **14** (1961)

B

Autrum, H., Jung, R., Loewenstein, W. R., Mackay, D. M., Teuber, H. L. (Hrsg.): Handbook of Sensory physiology. 8 Bände mit mehreren Lieferungen, Springer, Berlin (1971)

v. Buddenbrock, W.: Vergleichende Physiologie. Bd. I Sinnesphysiologie. Birkhäuser, Basel (1952)

Burkhardt, D.: Die Eigenschaften und Funktionstypen der Sinnesorgane. Ergebn.Biol. **22,** 226 (1960)

Granit, R.: Receptors and sensory perception. Yale University Press, New Haven (1955)

Loewenstein, W. R. (Hrsg.): Principles of receptor physiology. Vol. I, Handbook of Sensory Physiology, Springer, Berlin (1971)

Plate, L.: Allgemeine Zoologie und Abstammungslehre. 2. Teil: Die Sinnesorgane der Tiere. C. Fischer, Jena (1924)

Schmidt, R. R.: Sinnesphysiologie. Springer, Berlin (1973)

Stevens, S. S.: The psychophysics of sensory functions. In: Sensory communication (Rosenblith, W. A. [Hrsg.]), 1–33, MIT Press, Cambridge (1961)

BC

Rosenblith, W. A. (Hrsg.): Sensory communication. MIT Press, Cambridge (1961)

C

Jaenicke, L. (Hrsg.): Biochemistry of sensory functions. Springer, Berlin (1974)

Lichtsinn

A

Autrum, H.: Colour vision in man and animals. Naturwiss. **55,** 10 (1968)

Burkhardt, D.: Lichtrezeptoren im Tierreich. Naturwiss. **50,** 586 (1963)

Ewert, J. P.: Zentralnervöse Analyse und Verarbeitung visueller Sinnesreize. Naturwiss. Rundschau **25,** 1 (1972)

Hubel, D.: The visual cortex of the brain. Sci.Amer. **209,** 11, 54 (1963)

Kirschfeld, K.: Aufnahme und Verarbeitung optischer Daten im Komplexauge von Insekten. Naturwiss. **58,** 201 (1971)

Mac Nichol, F. F. jr.: Three-pigment colour vision. Sci.Amer. **211,** 12, 48 (1964)

Michael, C. R.: Retinal processing of visual images. Sci.Amer. **220,** 1, 104 (1969)

Seitz, G.: Bau und Funktion des Komplexauges der Schmeißfliege. Naturwiss. **58,** 258 (1971)

Stieve, H.: Mechanismen der Erregung von Lichtsinneszellen. Naturwiss. Rundschau **27,** 45 (1974)

AB

Gregory, R. L.: Auge und Gehirn. Fischer, Taschenbuch (1972)

B

Dartnall, H. J. A. (Hrsg.): Photochemistry of vision. Handbook of Sensory Physiology, Vol. VII/1, Springer, Berlin (1972)

Fuortes, M. G. F. (Hrsg.): Physiology of Photoreceptor Organs. Handbook of Sensory Physiology, Vol. VII/2, Springer, Berlin (1972)

Jung, R. (Hrsg.): Central visual information A. Central visual information B. Handbook of Sensory Physiology, Vol. VII/3, Springer, Berlin (1973)

Kirschfeld, K.: Das neuronale Superpositionsauge. Fortschr.Zool. **21,** 229 (1973)

Motokawa, K.: Physiology of colour and pattern vision. Springer, Berlin (1970)

Trendelenburg, W.: Der Gesichtssinn. 2. Aufl. Springer, Berlin (1961)

BC

Grüsser, O. J.: Die funktionale Organisation rezeptiver Felder retinaler Ganglienzellen der Katzenretina. Nova Acta Leopoldina n.F. **208,** 75 (1973)

C

Langer, H. (Hrsg.): Biochemistry and physiology of visual pigments. Springer, Berlin (1973)

Wehner, R. G. (Hrsg.): Information processing in the visual system of arthropods. Springer, Berlin (1972)

Gehör

A

Roeder, K. D.: Moths and ultrasound. Sci.Amer. **212,** 4, 94 (1965)

Schwartzkopff, J.: Die Stufenleiter des Hörens. Umschau **60,** 4 (1960)

B

Bekesy, G. V.: Experiments in hearing. McGraw Hill, London (1960)

Dunker, E.: Physiologie des Hörens II. Zentrales Bahnsystem und Verarbeitung akustischer Nachrichten. In: Physiologie des Menschen (Gauer, O. H., Kramer, K., Jung, R. [Hrsg.]), Bd. 12, 59–125, Urban und Schwarzenberg, München (1974)

Griffin, D. R.: Listening in the dark. Yale University Press, New Haven (1958)
Keidel, W. D. (Hrsg.): Physiologie des Gehörs. Thieme, Stuttgart (1975)
Keidel, W. D., Neff, W. D. (Hrsg.): Auditory system. Vol V/1, Handbook of Sensory Physiology, Springer, Berlin (1974)
Klinke, R.: Physiologie des Hörens I. Das mittlere und das innere Ohr. In: Physiologie des Menschen (Gauer, O. H., Kramer, K., Jung, R. [Hrsg.]), Bd. 12, 9–55, Urban und Schwarzenberg, München (1974)
Schnitzler, H. V.: Die Echoortung der Fledermäuse und ihre hörphysiologischen Grundlagen. Fortschr.Zool. **21,** 136 (1973)
Schwartzkopff, J.: Informationsverarbeitung in der Hörbahn der Insekten im Vergleich zu Wirbeltieren. Nova Acta Leopoldina n.F. **208,** 223 (1973)

C

Møller, A. R. (Hrsg.): Basis mechanism in hearing. Academic Press, New York (1973)

Mechanische Sinne (außer Gehör)

A

v. Holst, E.: Die Tätigkeit des Statolithenapparates im Wirbeltierlabyrinth. Naturwiss. **37,** 265 (1950)
Markl, H.: Wie orientieren sich Ameisen nach der Schwerkraft. Umschau **65,** 185 (1965)
Schmidt, R. F.: Möglichkeiten und Grenzen der Hautsinne. Klin.Wschr. **49,** 530 (1971)

B

Andres, M. H., v. Düring, M.: Morphology of cutaneous receptors. In: Somatosensory system (Iggo, A. [Hrsg.]), Vol II, Handbook of Sensory Physiology, 3–28, Springer, Berlin (1973)
Flock, Å.: Sensory transduction in hair cells. In: Principles of receptor physiology (Loewenstein, W. R. [Hrsg.]), Vol. I, Handbook of Sensory Physiology, 396–441, Springer, Berlin (1971)
Groen, J. J.: Vestibularapparat: Physik und Physiologie der Otolithen und Bogengänge. In: Physiologie des Menschen (Gauer, O. H., Kramer, K., Jung, R. [Hrsg.]), Bd. 12, 127 bis 153, Urban und Schwarzenberg, München (1974)
Iggo, A. (Hrsg.): Somatosensory system. Handbook of Sensory Physiology, Vol. II, Springer, Berlin (1973)
Kornhuber, H. H.: Tastsinn und Lagesinn. In: Physiologie des Menschen (Gauer, O. H., Kramer, K., Jung, R. [Hrsg.]), Bd. 11, 52–112, Urban und Schwarzenberg, München (1974)
Kornhuber, H. H. (Hrsg.): Vestibular System. Handbook of Sensory Physiologie, Vol. VI/1, Springer, Berlin (1974)
Markl, H.: Die Schweressinnesorgane der Insekten. Naturwiss. **17,** 559 (1963)
Markl, H.: The perception of gravity and of angular acceleration in ivertebrates. Handbook of Sensory Physiology, Vol. VI/1, 17–74, Springer, Berlin (1974)
Schaefer, K. P.: Vestibularapparat: Physiologie des zentralen Vestibularsystems. In: Physiologie des Menschen (Gauer, O. H., Kramer, K., Jung, R. [Hrsg.]), Bd. 12, 155 bis 214, Urban und Schwarzenberg, München (1974)
Schmidt, R. T.: Proporiorezeptoren in Muskeln und Sehnen. In: Physiologie des Menschen (Gauer, O. H., Kramer, K., Jung, R. [Hrsg.]), Bd. 11, 157–168, Urban und Schwarzenberg, München (1974)
Schöne, H.: Die Lageorientierung mit Statolithenorganen und Augen. Ergebn.Biol. **21,** 161 (1959)
Wolff, H. G.: Statische Orientierung bei Mollusken. Fortschr.Zool. **21,** 80 (1973)

BC

Schöne, H. (Hrsg.): Mechanism of spatial perception and orientation as related to gravity. Fortschr.Zool. **21,** 1

C

Reuckh, A. V. S. (Hrsg.): Myotatic, kinesthetic and vestibular mechanisms. Churchill, London (1967)

Chemische Sinne

A

Hodgson, E. S.: Taste Receptors. Sci.Amer. **204,** 5 (1961)
Hölldobler, B.: Chemische Verständigung im Insektenstaat. Umschau **70,** 663 (1970)
Kaissling, K. E., Priesner, E.: Die Riechschwelle des Seidenspinners. Naturwiss. **57,** 23 (1970)
Schneider, D.: Wie arbeitet der Geruchssinn bei Mensch und Tier? Naturwiss. Rundschau **20,** 319 (1967)
Schneider, D.: Molekulare Grundlagen der chemischen Sinne bei Insekten. Naturwiss. **58,** 194 (1971)

B

Beidler, L. M. (Hrsg.): Chemical senses, taste (IV/1), chemical senses, olfaction (IV/2). Handbook of Sensory Physiology, Vol. IV, Springer, Berlin (1971)

Boeckh, J.: Die chemischen Sinne, Geruch und Geschmack. In: Physiologie des Menschen (Gauer, O. H., Kramer, K., Jung, R. [Hrsg.]), Bd. 11, 164–231, Urban und Schwarzenberg, München (1974)

Kaissling, K. E.: Insect olfaction. Handbook of Sensory Physiology, Vol. IV/1, 351–429, Springer, Berlin (1971)

Moncrieff, R. W.: The chemical senses. Hill, London (1951)

Priesner, E.: Artspezifität und Funktion einiger Insektenhormone. Fortschr.Zool. **22,** 49 (1973)

Schonhoven: Chemosensory basis of host plant selection. Ann.Rev.Entomol. **13** (1968)

C

Hansen, K.: α-Glucosidases as sugar receptors proteins in flies. In: Biochemistry of sensory functions (Jaenicke, L. [Hrsg.]), 207–242, Springer, Berlin (1974)

Andere Sinne

A

Lissmann, H. W.: Electric location by fishes. Sci.Amer. **208,** 3, 50 (1962)

Szabo, T., Bauer, R., Moller, P.: Elektrische Sinneswahrnehmung und Verhalten bei elektrischen Fischen. Naturwiss. **60,** 10 (1973)

Wiltschko, W.: Orientierung der Zugvögel. Umschau **74,** 137 (1973)

B

Martin, H., Lindauer, L.: Orientierung im Erdmagnetfeld. Fortschr.Zool. **21,** 211 (1973)

Schmidt, R. I.: Schmerz. In: Physiologie des Menschen (Gauer, O. H., Kramer, K., Jung, R. [Hrsg.]), Bd. 11, 132–154, Urban und Schwarzenberg, München (1974)

Schmidt, R. I.: Temperatursinn. In: Physiologie des Menschen (Gauer, O. H., Kramer, K., Jung, R. [Hrsg.]), Bd. 11, 132–154, Urban und Schwarzenberg, München (1974)

C

Bullock, T. H., Diecke, F. P. J.: Properties of an infra-red receptor. J. Physiol. **134,** 47 (1956)

Bildnachweis

Bildtafeln: © Focus International Book Production, Stockholm, und Verlag Herder KG, Freiburg i. Br. 1971.
Fotos und Zeichnungen: Bildarchiv Herder.

Nach Autrum und v. Zwehl: S. 81 (Amplitude Rezeptorpotential); nach v. Bekésy: S. 107 unten links; aus Bullock und Horridge: S. 27 (Nervensysteme Strudelwurm/Regenwurm); nach Burkhardt: S. 127 oben und Mitte links; nach de Lorenzo: S. 118 oben Mitte und rechts; nach den Otter: S. 118 links; nach de Valois: S. 96; nach Dijugraaf: S. 102 unten rechts; nach Ernst: S. 123 Mitte (Sinneszelle Riechschleimhaut); nach Field und Taylor: S. 34 oben; nach v. Frisch: S. 69 Mitte rechts, S. 78 (Ommatidium, quer), S. 81 unten rechts, S. 102 Mitte links, S. 103 Mitte links, S. 123 oben links und rechts; nach Gray: S. 103 oben links; aus Gregory: S. 81 (Absorption des Stäbchen-Sehfarbstoff); nach Heine: S. 73 Mitte rechts; nach Hensel: S. 127 oben rechts; nach v. Holst: S. 69 (Zentrifugenversuch); nach Huber: S. 27 Mitte links; nach Kaissling und Schneider: S. 123 Mitte links; aus Kühn: S. 27 oben links, S. 78 Mitte links; nach Kuffler: S. 94; aus Landois-Rosemann: S. 10 (Nervenfaser), S. 102 (Pacinikörperchen); nach Lindemann: S. 103 Mitte rechts, unten links und rechts; verändert aus Linder: S. 59 links; nach Lissmann: S. 127 unten; nach Mac Nichol: S. 81 unten links; nach v. Muralt: S. 15 (Bau und Durchmesser von Nervenfasern); nach Pfaffmann: S. 118 unten rechts; nach Penfield und Rasmussen: S. 102 oben rechts; aus Plate: S. 72 oben, S. 73 unten links; nach Polyak: S. 73 Mitte links; aus Rein-Schneider: S. 95; nach Roeder: S. 27 unten; nach Romer: S. 39 links und Mitte, S. 52; aus Ruch-Fulton: S. 72 Mitte rechts; nach D. Schneider: S. 72 unten; nach Snodgrass: S. 27 Mitte rechts; nach Sobotta: S. 39 oben rechts; nach Thurm: S. 102 Mitte rechts; nach Trendelenburg: S. 72 (Strahlengang im Auge); nach Zoana: S. 73 unten rechts; nach Wersäll und Flock: S. 107 rechts; nach Wigglesworth: S. 78 (Ommatidium, längs).

Register

So beurteilt die Fachkritik die bisher erschienenen Bände

studio visuell

„Der Verlag Herder hat mit dieser Reihe offensichtlich einen guten Griff getan, indem er aktuelle biologische Aspekte ausgezeichnet didaktisch aufbereitet und bei hohem wissenschaftlichem Anspruch allgemeinverständlich und gut illustriert für die Hand des Lehrers und Studenten, des überhaupt biologisch Interessierten sowie als Schulbuch für die Gymnasiasten anbietet ..."

Hamburger Lehrerzeitung

Dieter Heß
Entwicklungsphysiologie der Pflanzen

„... kann ich Ihnen nach Durchsicht des Buches und gezielten Leseproben mitteilen, daß sowohl in Aufbau, Informationsgehalt, Verarbeitung neuester wissenschaftlicher Erkenntnisse als auch hinsichtlich der Darstellung und der Ausstattung dem Autor und dem Verlag aufrichtig zu gratulieren ist. Dieter Heß versteht es ganz hervorragend – gleichgültig, ob er Hochschullehrbücher oder Arbeitsbücher für die Schule schreibt –, wissenschaftliche Präzision mit Anschaulichkeit und didaktischer Einprägsamkeit zu verknüpfen. Ich werde dieses Buch gern unseren Lehramtskandidaten als zusätzliche Hilfe für die Gestaltung ihres Unterrichts empfehlen."

Professor Dr. W. Larcher
Institut für Allgemeine Botanik der Universität Innsbruck

Dieter Heß · Genetik

Grundlagen – Erkenntnisse – Entwicklungen der modernen Vererbungsforschung

„Der Band präsentiert sich wirklich prächtig, insbesondere ist die reichhaltige und didaktisch auffallend geschickte Illustration hervorzuheben. Dem Band darf ohne Einschränkung weite Verbreitung gewünscht werden.“

Direktor Professor Dr. Oswald Hess
Institut für Allgemeine Biologie, Universität Düsseldorf

Peter Emschermann · Entwicklung

Grundlagen – Erkenntnisse der tierischen Fortpflanzung und Ontogenie

„Ähnlich wie die anderen Veröffentlichungen in der Reihe „studio visuell“ bemüht sich auch dieses Buch um eine gründliche, zusammenfassende Darstellung eines biologischen Aspektes. In diesem Falle geht es um einen wissenschaftlichen, aber allgemeinverständlichen und exemplarisch geleisteten Einblick in die Entwicklungswissenschaften im weitesten Sinne, um die allgemeine Fortpflanzungslehre, die Entwicklungsgeschichte und die Entwicklungsphysiologie.“

Hamburger Lehrerzeitung

Jürg Lamprecht · Verhalten

Grundlagen – Erkenntnisse – Entwicklungen der Ethologie

„Das Buch belehrt durch Anschauung der Wissenschaft. Darum ist es für Schüler der Oberstufen, für Studenten und selbstverständlich auch für den Fachlehrer ein ebenso interessantes wie effektives Lehrbuch.“

Neue Zürcher Zeitung

Günther Osche · Evolution

Grundlagen – Erkenntnisse – Entwicklungen der Abstammungslehre

„Es war ein Glücksfall, daß für diese Einführung mit Günther Osche ein Autor gewonnen wurde, der nicht nur ein anerkannter Fachmann ist, sondern auch ein wegen seines großen didaktischen Geschicks geschätzter Hochschullehrer ...vor allem ist bemerkenswert, daß der Autor die Evolutionstheorie als eine Synthese von Erkenntnissen aus den verschiedenen Gebieten der Biologie als Evolutionstheorie verständlich macht. So kommen neben anderen die Fachgebiete Genetik, Ökologie, Physiologie und Tiergeographie zu Wort.“ *Die bayerische Realschule, München*

Günther Osche · Ökologie

Grundlagen – Erkenntnisse – Entwicklungen der Umweltforschung

„Ich halte dieses Buch vom Text und von der Bebilderung her mit weitem Abstand für die beste und anschaulichste Darstellung der Ökologie und werde es in meinen ökologischen Vorlesungen und Kursen benutzen und den Studenten empfehlen.“

Prof. Dr. K. Immelmann, Universität Bielefeld

Dieter Vogellehner · Paläontologie

Grundlagen – Erkenntnisse – Geschichte der Organismen

„Anhand einer erstaunlichen Fülle instruktiver ein- und mehrfarbiger Illustrationen im Text, auf Bildspalten und auf thematischen Tafeln entwirft der sachkundige Autor einen Gesamtüberblick über die Paläontologie, der ebenso wissenschaftlich fundiert wie anschaulich ist.“

Die Allgemeinbildende Höhere Schule, Wien